続・靴磨きの本

長谷川裕也

亜紀書房

THE
SHOE
SHINE
BOOK
2
—
YUYA
HASEGAWA
—
AKI
SHOBO

はじめに

　2016年、僕は初めての書籍『靴磨きの本』を出版しました。それからありがたいことに多くの方に読んでいただき、4年間で5万部のロングセラーとなりました。またこの本の出版後、靴磨き関連の書籍がほかにもいくつか刊行され、書店には「靴磨きの実用書」という新しいコーナーができました。

　同時に、この数年間でシューケア関連のイベントも増え、2018年には僕も理事を務めている「日本皮革製品メンテナンス協会」が立ち上がり、"シューケアマイスター"という靴磨きの資格ができました。さらに、靴磨き選手権が開催されるようになるなど靴磨き職人にスポットライトが当たり始め、世界のあちこちで熱を生んでいます。

　僕自身、「本を参考にさせてもらっています！」「いつもYouTubeで見ています！」と声をかけていただくことが増えました。靴磨きが多くの方に認知され、またご自身でこだわって靴を磨く方が増えているのだなという実感があります。僕がその一端をもし担えているとしたら、それはとてもうれしいことです。

前著は、これまで靴磨きを一度もやったことがないという方にも一歩を踏み出してもらおうと考えて作った一冊で、内容はごくごくベーシックなものに絞りました。

　本当は、微に入り細に入りいろいろと書きたかったのですが、まずは広く多くの方々に靴磨きの素晴らしさを伝えるのが先だと思い、マニアックな部分は泣く泣く削ったのです。ただ、ある意味"本当に書きたいマニアックなこと"は、いつか次の本で……と思っていました。

　その"次の本"こそ、いま皆さんが手にしているこの『続・靴磨きの本』です。「靴磨きを極める」というコンセプトは当初から決めていたのですが、それは技術的に靴磨きを極めるというだけではありません。「革がもつ特性を知り、トラブルをその原因から理解して、革靴を一生履いていくための靴磨き」をつきつめたい、というある意味究極的なテーマに挑んだ本でもあります。

　また一冊目のときにはあえて消していた"長谷川裕也色"を今回はかなり出してみました。もしかしたら、うちで働く職人たちにも伝えきれていない長谷川流の靴磨きを、ここでは100％書き起こしています。こんなに細かく書いたところで、読む人はいるのか？

　理解してもらえるのか？　そんな心配が頭をよぎりましたが、僕が靴磨き人生で築いてきた技術を出し惜しみせずに"見える化"し、宮本武蔵の五輪書の長谷川裕也版のつもりで書きました。

　こういった実用的なことは、動画コンテンツで発表するのが一般的になりつつある昨今ですが、書籍だからこそ伝えられることもあります。初心者の方にとってもこの世界へ踏み出す楽しい読み物になると思いますし、上級者の方にはより技術を深めるヒントをちりばめておいたので、それを見つけていただけると嬉しいです。さあ、靴磨きの奥深い世界へ一緒に出発しましょう!!!

靴磨きの目的ってなんだろう？ 汚れを落とすこと？ 靴をピカピカにすること？ それも正解だけど、それだけじゃない。「大切な靴を長持ちさせる」、それが靴磨きの大きな目的だ。天然素材である革は、正しく手入れをすることで経年変化さえも楽しめる素材。汚れを落とすのもクリームを塗るのも、すべては革を健やかに保ち、靴を長持ちさせるためなのだ。では、靴磨きをしなかったら靴はどうなってしまうのか？ この、シンプルだが靴磨きの本質を衝く疑問に答えるべく、検証テストを実施した。

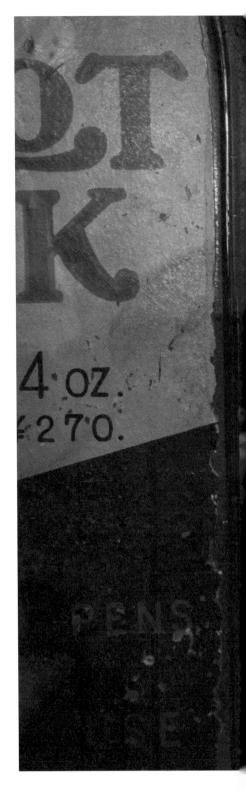

靴のお手入れ、しないとどうなる？

1

実証・靴磨きの必要性

靴磨きの効用については、ずっと伝えてきたが、実際に靴磨きをするとしないとではどれくらいの差が出るのだろうか——2名の方に10ヵ月間同じモデルの靴を履き比べてもらい、それを検証してみた。その結果をここに紹介する。

〈 検証テストのきっかけ 〉

お店のお客さんがある日、一冊の雑誌を持ってきてくれた。いまから半世紀以上前、1964年（昭和39年）12月に発行された雑誌「暮しの手帖」第77号である。同誌の名物企画でもある「商品テスト」のページで、紳士靴の丈夫さをテストしていた。35人のサラリーマンが1年間、同じ型で銘柄の違う2足を1日交代で履いて靴の状態がどうなるかを調べたものだ。僕は常日頃靴磨きの効用については伝えてきたつもりだが、この記事を読んで、実際に靴磨きをするとしないでどのような差が現代の靴に現れるのかを記録してみたいと思った。

〈 どのように検証テストを行ったか 〉

・同じモデルの靴を2足（Ⓐ、Ⓑ）用意する
・Ⓐ、Ⓑそれぞれを週に2〜3日ずつ、
　最低1日あけて2名のモニターが履く
・Ⓐは10日履いたら靴磨きを行う
・靴磨きは手順（p.44）に準じたものを行う
・シューツリーを入れて保管する
・Ⓑは汚れがひどい場合は
　ブラシがけのみ行うが、靴磨きは行わない

実施期間：2019年10月〜2020年7月
靴を履いた日数：A、Bともに85日

テスト開始前に、モニターのおふたりに靴磨きをレクチャー。テストに使用する2足の靴を磨いてもらった。おふたりとも出版社の営業職で、週の半分は外回りのため、毎日の歩数は平均よりも多めだ。

〈 テストに協力してくれた方々 〉

平野太郎さん（出版社営業）

[身長] 165センチ
[体重] 非公開
[通勤時間] 1時間半（片道）
[1日の平均歩数] 約12000歩

出版社営業歴16年。独身時代はソールも革仕立ての靴を履いていたが、最近は専らスポーツメーカーが作っているビジネスシューズを愛用。靴磨き経験はほぼゼロ。プライベートでは、ふたりの息子と妻と4人暮らし。

岡部友春さん（出版社営業）

[身長] 165センチ
[体重] 62キロ
[通勤時間] 30分（片道）
[1日の平均歩数] 約11000歩（コロナ禍は約6000歩）

出版社営業歴25年。週3日は書店訪問（外回り）をし、週2日は内勤。コロナ禍で在宅勤務や内勤の割合が増えていたが、少しずつもとに戻ってきた。就職してスーツ着用となり、革靴を履いてはいるものの、本格的なシューケアを行うのは初めてなのでやや不安。

● 靴を提供してくださったのは……

42ND ROYAL HIGHLAND
1983年創業。「英国の妥協なき靴づくりの精神を取り入れた日本人に合う靴」をコンセプトに掲げたシューズメーカー。素材を含めゼロから企画、開発を行うオリジナルラインをはじめ、数多くの有名セレクトショップやアパレルブランドの靴づくりも手掛ける。
https://www.42nd.co.jp/

〈SHOP INFORMATION〉

42ND ROYAL HIGHLAND 代官山
〒150-0021 東京都渋谷区恵比寿西1-34-29
シェラ代官山ビル1F
Phone. 03-3477-7291
営業時間. 12:00 - 20:00／水曜定休（祝日を除く）

42ND ROYAL HIGHLAND 銀座
〒104-0061 東京都中央区銀座6-12-14
松岡銀緑館ビル1F
Phone. 03-3569-0032
営業時間. 12:00 - 20:00／水曜定休（祝日を除く）

〈 検証テスト前の靴 〉

履いてもらったのは、42ND ROYAL HIGH LANDの「キャップトゥオックスフォード」。グッドイヤーウエルテッド製法（p.107）で作られ、別注のビブラムスタッズソールが使われている。この後どのように変化するか、次ページからの結果をご覧いただきたい。靴の各パーツの名称はp.102〜103に示した。

キャップトゥオックスフォード［CH9301-01／29,500円＋税］

●サイド

●つま先

●かかと

〈 検証テスト後の靴（平野さん）〉

Ⓐ 靴磨きあり

つやがあり黒々していて靴磨きの効果あり。Ⓐ、Ⓑとも、同じ場所に同じような形で履きじわが入っているが、こうして見比べると、履きじわにも良し悪しがあるのが分かる。右足つま先のキズは、歩き方のクセのためだと考えられる。

年末毎週出張で、カバンに常に一足忍ばせていくのは大変でしたが、靴磨きの重要性を知れたのは貴重な経験でした。これからもクリームは、「指」で塗り込みます！

Ⓑ 靴磨きなし

クリームやワックスを使ったケアを行っていないぶん、全体的に白っぽくカサついて見え、キズが目立つ。タンの縁もカサついている。Ⓐ、Ⓑともに平野さんの足の形に合わせて広がっているが、Ⓑのほうがより潰れてくたびれた印象だ。

Ⓐ 靴磨きあり

●サイド

ヴァンプに入った履きじわは、ⒶのほうがⒷよりも大きいが、細かなしわが少ない。ヒールをはじめ、全体的に汚れがなく、つやがありきれい。

●つま先

つや感に大きな差が見られ、Ⓑには見られるキズもワックスの保護効果で見当たらない。コバもきれいなつやが出ているが、先端の大きな割れは修理の必要あり。

●かかと

ケアを行っていると、p.11の新品と比べても型崩れも気にならずとてもきれい。ヒールはⒶ、Ⓑどちらも同程度減っている。

Ⓑ 靴磨きなし

●サイド

ヴァンプに入った履きじわが深く、つま先の反りが強い。コバのつや感もⒶに比べて劣り、ヒールのキズや汚れも目立っている。

●つま先

Ⓐと比べて圧倒的にキズが目立ち、つやがない。左足のキズは補修（自分でできる）が必要。右足内側の薄いキズは、ワックスを塗れば隠せるだろう。

●かかと

履き口の広がり、型崩れが認められる。保管時にシューツリーは入れていたものの、ケアをまったくしていないので革の柔軟性が失われ、どんどん変形してしまったのだと考えられる。

〈 検証テスト後の靴（岡部さん）〉

Ⓐ 靴磨きあり

ⒶのほうがⒷよりも履きじわが若干深く出た。ケアで革がやわらかくなっている
ためだろうか？ つやは、当然ながら磨きをしているⒶのほうがあり、全体的に黒々
としている。

●岡部さん

平野さんがいたことで切磋琢磨できました。1足で1時間くらいかかりますが、やった分だけ差が出るので、大人の身だしなみリストに加えるべきだなと思いました。

Ⓑ 靴磨きなし

磨いていない割にきれいだが、それでもキズは目立つ。履き口あたりの傷みもこちらのほうが大きい。革に触れた感じは、大きな違いは感じられなかった。さらに検証テストを続けると、もっと差が出てくるのだろう。

Ⓐ 靴磨きあり

●サイド

Ⓐ、Ⓑともに靴の真ん中あたり
まで履きじわが入っていて、ヴ
ァンプのしわはⒶのほうが深い。
ソールの反り具合はⒶ、Ⓑに大
差はなかった。

●つま先

アッパー、コバともにつややか。
特にアッパーはしっとりとした
見た目になっていて、磨きの効
果がよく現れていると感じる。

●かかと

かかともつや感があり、キズも
気にならない。ただ、ヒールに
ザラつきが見られる。もう少し
ケアが必要だった。

Ⓑ 靴磨きなし

●サイド

Ⓑだけ見るとカサついた感じもなく意外ときれいだ。履きじわは、Ⓑのほうが浅いという結果だったのが興味深い。

●つま先

Ⓐと比べるとつやがなく、細かなキズがだいぶ目立っている。コバのザラつきも気になる。履きじわは、右足のほうが浅い。

●かかと

右足はキズが目立ち、履き口の右上部に、Ⓐには見られないしわが入っている。左足の履き口のしわも、こちらのほうが目立つ。

磨けば磨くほどハマっていく、奥深き靴磨きの世界。この世界に足を踏み入れて16年たったいまでもまだまだ満足いかないこともあれば、何万足もの靴を磨いた経験から、「これがプロの磨きだ!」と自分なりに確信がもてたこともある。僕なりの考えをお伝えするとともに、同業者である世界の靴磨き職人たちにも、自身の靴磨き哲学を尋ねてみた。世界のプロたちのこだわりは、プロを目指していない人にも興味深く読めるし、新たな発見があるかも。靴や革、靴磨きへの愛情は、万国共通だ!

一生モノの
磨きを目指して

2

磨きを極める

靴磨きの効果を実感し、この数年で始める人が増えてきた。この章では、世界の
靴磨き職人たちの声も参考に、皆さんの磨きを進化させるヒントを探してみよう。

〈 "プロの磨き" とは？ 〉

　前章の検証テストで、改めて靴磨きの効用を分かっていただけたのではないかと思う。クリーナーで汚れを落とし、クリームで水分・油分を与え、ワックスでコーティングする。前著ではこの一連の工程を、靴磨きをしたことがない方にもやってみてもらえるようにシンプルなものにアレンジして、"基本の磨き" として紹介した。

　そこから早4年。靴磨き専門店も増え、各シューケア用品メーカーからは新商品がいくつも発売された。靴磨きが日本中で広がってきた実感がある。そして、もっと靴磨きがうまくなりたいとお店を訪ねてくれるお客さんも増えた。

　そこで第2弾となる本書では、もっと靴磨きがうまくなりたいと思う皆さんに、Brift H流の "プロの磨き" を伝授したいと思ったのだ。基本的な流れは "基本の磨き" と同じだが、僕がお客さんの靴を磨くときにはさらに細かな工程が加わる。新人スタッフに一から教えるつもりで、今回の解説を書いた。

　プロの磨きというのはただテクニックを習得すればいいものではない。プロを名乗るにはやはり心構えというものが必要なのである。ここではまず、プロの磨きとは何かを定義することから始める。僕ひとりの意見だけでなく、信頼する世界の靴磨き職人たちにも意見を聞いてみたので、まずは彼らの声から紹介したい。

〈 世界のプロたちの声 〉

靴磨き世界選手権への出場で、海外の靴磨き職人との交流もできた。大阪、ロンドン、ニューヨーク、パルマから届いた声を紹介する。

Q： あなたがプロとして大切に考えていることとは？

1.

THE WAY THINGS GO（日本・大阪）
石見 豪さん

靴磨き職人歴：8年
twtgshoeshine.com

　高いプロ意識をもつことです。靴磨きについての知識があまりないお客様に靴磨きサービスを提供して、感動、驚きを提供することはプロなら当たり前です。ですから知識や経験があり、特別に厳しい目をもった熟練のプロが感動、驚くサービスを提供できるように意識し、実践することを大切にしてきました。

　続けてきたことで、靴を磨くこと、靴磨きの仕上がり、仕上がり後の経過、仕上がりから時間が経って、お客様がご自身で仕上げ直しをする際のやりやすさ、すべての点において最高のクオリティを提供していると自信をもって言えます。

▷ **石見さんのおすすめのグッズ**

THE WAY THINGS GO でもKINKOUブラシやネルなどのオリジナルグッズを制作・販売しています。2020年11月にはクリームやワックスも発売予定。

▷ **石見さんの一足**

STEFANO BEMER（ステファノベーメル）
Arlington（アーリントン）
2019年10月、自社のオーダー会にてオーダー。出来上がりの履き心地のよさと全体のバランス、履いたときのかっこよさは随一です。最近オーダーした靴では、一番です。

2.

Sartor Polishing（イギリス・ロンドン）

ビスマルク・ブラック・ワルテルさん

靴磨き職人歴：12年
sartorpolishing.com

・靴磨きのプロになるためには、仕上げの際に特別でユニークなタッチを加える、芸術的なセンスが必要です。また、革の種類を熟知していなければダメです。これはお客様と話すときに特に重要な知識です。

・どんな職業でも、能力と技術の習得には長い時間がかかるもの。失敗を恐れないことが大切だと私は考えています。自分でメソッドを作り、それをマスターし、可能な限りいろいろなやり方で個々の事例にそれを適応さ

せられるようになること。技術の習得には何年もの時間がかかるのを忘れないように。

・靴磨きのプロは、靴の医者でもあります。美しい鏡面磨きができるだけでは素晴らしい職人とはいえません。各ブランドが歩んできた歴史を知り、製造工程の技術についてもきちんと説明できるのがプロというものです。

・プロの職人ならば、靴を見れば持ち主の物語を知ることができる、というはず。靴はとてもシンプルな服飾品ですが、持ち主にまつわるたくさんの物語を伝えることができますよね。たとえば、おろしたての靴を履いて採用面接を受けるつもりであるとか、年老いた父から靴のコレクションを譲り受けたとか——靴磨きのためには、「他

人の靴」に自らを同化させる必要があるのです。持ち主の人格、そして彼らが履いている靴がもつ歴史を理解することは、最高の輝きを提供するために最も重要です。職人として謙虚さを保ちつつ、靴の裏にはお客様とその靴の歴史があることを忘れないこと。

■ ビスマルクさんのおすすめのグッズ

・クリーム
サフィールノワール／クレム1925
特に気に入っているのがこのクリーム。テレビン油をベースに配合された成分が革の芯まで浸透してくれます。もうひとつの大きな利点は、染料が多く含まれていること。磨きながら色も復元させることができます。

・ワックス
サフィールノワール／ビーズワックスポリッシュ
ミツロウとカルバナオイルが多く含まれており、革に潤いを与えると同時に、素晴らしいつやを与えてくれる愛用品。ワックスが服についたり、ボロボロとはがれてくることもなく、つやが持続します。つま先とかかとを光らせるのはこれ。

・ソールオイル
アンジェラス／ミンクオイル（ペースト）
ワックス＆ペースト状のミンクオイルは使いやすく、深く浸透して繊維を回復させてくれます。レザーソールを長期間保護してくれるアイテム。

■ ビスマルクさんの一足

「クロケット＆ジョーンズ」や「カルミーナ」とともに、ビスマルクさんがお気に入りのブランドとして挙げてくれたのがイギリスの「J.Fitzpatrick（ジェイ・フィッツパトリック）」。「起業家であり靴好きであるジェイ・フィッツパトリックが作る靴は、欧米圏以外の人にもフィットすると思います。私のお気に入りの一足は、特別な日に着用するスエードの緑のバタフライローファー。すでに靴をたくさん持っている人でも、彼の靴は新鮮な気持ちにさせてくれますよ」

3.

The Shoeshine Guild（アメリカ・ニューヨーク）

ケアラニ・ラダさん

靴磨き職人歴：16年
theshoeshineguild.com

・革の種類や鞣し方、仕上げ方についての幅広い知識をもつことはとっても重要。靴を見て、革を理解し、どのように仕上げられているのか、どのような状態にあるのかを理解できないと、もとの美しさを取り戻すことはできないから。こればっかりは、何年もの間、時間をかけて何足もの靴を磨いてきた経験の賜物だと思う。

・特別な輝きを作るには、シャイナーが細かい部分に注意をはらわないとダメ。靴にすりキズがあるとか、色の違うステッチやレースがあるとか、ロゴやバックルがある場合は磨きすぎちゃダメだし……乾燥していたりとか、前に磨いたときのワックスの残りがあったりとかね。私の場合、目にした細かいことを全部クリアにしないと靴磨きはうまくいかないかな。

・お客さんが靴についてどう思っているかを理解しないと。お客さんがどれほど靴のことを気に入ってて、どう見せたいのかを。お客さんはこの靴を買って履いていたけれど、いまこの瞬間は何かしらの理由があって靴をケアをしたいと思ってる。シャイナーはそれを理解して、最適な輝かせ方を考えて、彼らが満足する仕上がりを提供できなくちゃ。

・とてもやわらかくて、多孔質の革は、つやつやのワックス仕上げはせずに、クリームだけでポリッシュすること。やわらかい革にワックスをつけすぎると、ワックスが毛穴を塞いじゃって、革が呼吸できずに窒息してしまう。密閉されたワックスの下で革が乾燥して、見た目が悪くなってくることがある。

・常に勉強！ 靴、靴職人、トレンド、スタイル、靴作りの歴史の伝統などなど、もっともっと勉強しましょう。

ケアラニさんのおすすめのグッズ

・馬毛ブラシ

サフィール／ポリッシャーホースヘアブラシ

握り心地がよく、手が疲れないように、大きさ、重さがちょうどよいブラシを使いましょう。少しかためで毛が密集しているものがいいでしょう。

・豚毛ブラシ

ダスコ／ブリストルブラシ スモール

毛のかたさがちょうどよく、驚くほどのつやを出すことができるので、私は豚毛ブラシが大好き！ちなみに山羊毛ブラシは使っていません。

・クリーナー

**サフィールノワール／
ユニバーサルレザーローション**

ほとんどの革に使える万能クリーナー。

・クリーム

サフィールノワール／レノベイタークリーム

含まれている溶剤で色がはげてしまうことがあるため注意が必要です。ミンクオイルが配合されていて、表面が重く見えてしまうことがあるので、少しで十分。

**サフィール／
ビーズワックスファインクリーム**

やわらかくて、（ハードな溶剤を使用していない）保湿力のあるクリーム。

**サフィールノワール／
メダイユ ドールクリーム**

洗練された濃密な染料が革の色を復元してくれます。ただ、強力な溶剤が含まれているので、革の色抜けに気をつけて。

・ワックス

サフィールノワール／ミラーグロス

とてもやわらかく油分が多いので、水と混ぜる場合は、ごく少量ずつ水を加えるのがポイント。

サフィール／アミラルグロス

美しく光らせることのできる万能ワックス。

ケアラニさんの一足

ケアラニさんがお気に入りのブランドとして挙げてくれたのが、イタリアで3世代続くシューメーカー、「Bontoni（ボントーニ）」。「私のお気に入りはボントーニの靴！ イタリアのモンテグラナーロにある家族経営の小さな靴屋さんです。家族みんなが生産に携わっていて、オーナー自身が手塗り仕上げの多くを行っています。ボントーニの靴は、クラシックなイギリスとモダンなイタリアが完璧にブレンドされていて、ここの手塗り仕上げは、世界で最も美しいもののひとつ。彼らは最高品質の素材と耐久性に優れた技術を駆使して靴を作っています。お客さんがボントーニの靴を履いて来店されるととても楽しい」

"Bontoni shoes" © Bontoni. It's on the Bontoni.com website and throughout the internet. (Licensed under CC BY 4.0)

4.

Dandy Shoe Care（イタリア・パルマ）

アレクサンドル・ヌルラエフさん

靴磨き職人歴：子どものころから靴を磨いているのでそれを入れると40年以上！
dandyshoecare.it

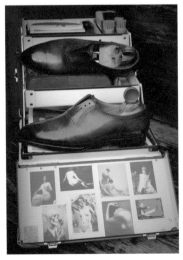

　私のシューケア哲学の基本は、一足一足の靴に合わせた道具やケア用品の素材の細かい選択にあります。

　それぞれの靴は、その持ち主がユニークであるように、唯一無二のもの。ですので、すべての靴に合う完璧かつオーソドックスなケアのレシピを作ることは不可能なのです。それぞれの靴に合ったケアのアプローチを考える必要があります。だから最初にすべきことは、まずじっくり靴を研究し、このデザイン、この革、この色のために何が必要かを正確に理解することです。

私は自分が使っているケア用品の秘密を皆さんに伝えることができません。なぜなら、私は靴ごとにカスタマイズしたケア用品を自分で処方しているからです。いままでに処方したケア用品や靴磨きのテクニックを挙げると、とてもじゃないけど長すぎてそのリストは誰にも見向きもされないでしょう。それもあって公開することはしませんが、オリジナル処方のケア用品は、私の長年の研究の成果でもあります。

私のケア用品の多くは、テラスにある植物の観察から生まれました。たとえば、ナスタチウムの葉に降った雨粒はどのように流れていくのか、私はそれをヒントに撥水剤を作り始めました。ミツバチの観察はワックスの研究に役立ちました。あなたが靴磨きクリームを作ることがあったら、ミツバチは理想的なワックスの配合についてのヒントをくれますよ。

私の経験をシェアして、やわらかく、きれいで光沢ある靴を手に入れるお手伝いをしましょう。私からあなたへのアドバイスは——最初は高価でとびきりお気に入りの靴では行わないほうがいいでしょう。

アレクサンドルさんから届いた
靴磨きのレシピはp.170にて紹介！

〈 長谷川裕也が考える "プロの磨き" 5ヵ条 〉

素晴らしい職人たちの意見も紹介したところで、僕自身が考えるプロの条件を以下にまとめてみた。これを念頭におきながら、次の章で伝授する "極める" 磨きに挑戦してみてほしい。

―――――――（ 1 ）―――――――

革をはじめとする素材について熟知している。

革には多くの種類があり、またそれ以上に多くの鞣し方法、仕上げ方法がある。そしてさらに、経年変化により一足一足がすべて違う状態でお店に持ち込まれる。

プロの靴磨き職人は、その革の個性を瞬時に理解しないといけない。どんな革でどんな状態なのか。これは知識以上に経験がものをいう。

新品の靴、長年履き込まれた靴。過酷な環境で履かれていた靴。汗をたくさんかく人が履いていた靴。磨き過ぎてしまった靴――毎日革靴ばかりを見つづけてきたからこそ分かることがある。靴磨きを通して革と会話ができるようになって、初めてプロといえる。

―――――――（ 2 ）―――――――

道具を誰よりもうまく使う。

ブラシの毛質が少しでも変われば、ブラッシングしたときに靴に与えられるつや感も変化するし、クリームの選択ひとつで、革の質感、色、寿命まで影響する。最適な道具なしには仕事ができない。また道具は常に進化をしているので、ずっと同じものをこだわって使っていればいいかというとそうでもない。靴磨き以外のほかの業種の道具（たとえば化粧品や車用品など）も幅広く見ておき、靴磨きに応用できるか常に考えておくことも大切だ。

―――――――（ 3 ）―――――――

所作の美しさと仕上がりの美しさは比例する。

スポーツも工芸も料理も、どんな世界も一流の人の所作には無駄のない美しさがある。長い時間をかけてそれに打ち込んできたからこそ体得できる、嘘のないプロの証。同時に、その人の個性もそこに表れ出るもの。僕は、靴磨き職人の所作を見ればすぐにその人が磨いた靴の仕上がりのイメージが分かる。靴を扱うときの気配り、道具を取り回す手さばき、磨くときの体全体の動き。所作が美しいことは、プロと素人の一番の違いかもしれないとさえ思う。

一足入魂。その靴が最大限魅力的に見えるよう、
お客様のご要望を含めて仕上げる。

　靴磨きは本当に奥が深いと思うのは、（1）で述べたように天然由来の素材である皮革から作られる革靴は、一足たりとも同じものがないということ。それに加え、履き主が変わると仕上がりの好みも変わるということだ。当然、靴磨きの方法も同じわけにはいかない。

　目の前にある一足の靴に集中して、デザインや革の質はもちろん、履き主の職業や趣味、ライフスタイル、背恰好なども考えて最大限魅力的になるように磨きをかける。長く通ってくださっている常連さんであっても、カウンター越しのコミュニケーションはとても重要。ひとりよがりの靴磨きをするだけでは本物のプロとはいえない。

早いは上手い。
時間をかけて磨くのは素人。

　一流の職人は、とにかく手が早い。ゆっくり磨く人なんていない。それは、すべての行動が無駄なく的確にゴールへ向かって最短ルートで行われているから。

　僕が"早いは上手い"とずっと言い続けているのはその理由から。どうやったらあと数分以内に仕上げられるか？　1日で100足をどうやったら磨けるか？　制限時間内に数をこなすには頭をフル回転させて挑まなければ絶対に達成できない。下手な職人ほど頭を使わず、時間の意識もなく、がむしゃらに同じ動きを繰り返しますが、それではだめだ。

極めるならば揃えたい、
靴磨きの道具

いい道具は使いやすいし仕上がりもよくなるし、使っていて気持ちが上がる。
靴と同じく愛用の道具を見つけて、長く付き合っていきたい。

〈 シューツリー 〉

靴の形崩れや履きじわを防ぐのにはもちろん、靴磨きの際にも必ず使いたいのがシューツリー。靴の形をキープしながら細部まで手入れができる。木製ならば靴にこもった湿気を吸ってくれる効果も期待できる。1日履いた靴は、ひと晩乾燥させてからシューツリーを入れて保管する。

Brift H／オリジナルシューツリー

いろいろな木型の靴に合わせやすく、無垢の木が靴の中の湿気を吸収してくれる。39〜43までのサイズ展開。

**コロニル／アロマティック
シーダーシュートゥリー**

防臭・防虫効果をもつシーダー材を使用。メンズ3サイズ、レディース2サイズを展開。

**ブリガ／シュートゥリー
ブーツタイプ**

ブーツ専用。特にワークブーツに向く設計になっている。S〜Lの3サイズ。アロマティックシーダー製。

コロンブス／スポンジつきシューツリー

靴磨きのときに使いたいのが、このスポンジシューツリー。先端がやわらかいので靴を揉んだり、クリームを深く浸透させたりするのに向く。

M. モゥブレイ／ベルベットキーパーAg+

ポインテッドトゥの婦人靴用の簡易キーパー。セミスクエア、プレーントゥなどほかの形状もラインナップ。

〈 クリーナー 〉

汚れ、古いクリームやワックスを取り除くクリーナーには、ローションやペースト、乳液などのタイプがある。いずれも革を傷めないよう拭きすぎに注意して使うこと。つや出し効果のあるクリーナーもあるが、本書の靴磨き工程をすべて行うなら汚れ落としに特化したシンプルなものが向いている。

Brift H／ザ クリーナー
鏡面磨き落とし用クリーナー

何層も重ねた厚いワックスの層を溶かしながら取り除く、革を傷めにくいペーストタイプのクリーナー。本書で紹介する磨きに最適。

Brift H／
ザ クリーナー

靴のほか、バッグやレザーアイテム全般の汚れ落としに使えるローションクリーナー。さらっとした使い心地で、汚れを浮かせて拭き取れる。

ブートブラック／ツーフェ
イスプラスローション

油性汚れと水性汚れを落とす成分が2層になった、さっぱりとした仕上がりのローションタイプ。溶剤が汚れを溶かして取り除く。

サフィール／
レノマットリムーバー

頑固な汚れやクリーム、ワックスを強力に落とす中性の乳液タイプ。カビや塩ふきの除去もできる。揮発性が高いため湿気除去効果も。

●クリーナーが汚れを落とす仕組み

ひと昔前は選択肢が少なかったクリーナーだが、いまは多くの商品が登場し、汚れ落とし力も向上している。一般的な主成分は有機溶剤や界面活性剤、水、アルコール、油脂など。各成分が水性汚れ、油性汚れをゆるめて落とすが、有機溶剤やアルコールは革を傷めてしまうという側面もある。それら

の配合量を工夫するなどして以前に比べて革を傷めにくいタイプのものも増えてきた。たとえば鏡面磨き用のワックスを落とすために作ったザ クリーナーはペースト状で、液体タイプのようにすぐに革に浸透しないぶん、革の表面に長く留まりながらゆっくり汚れをゆるめるので、革を傷めにくい。

〈 クリーム 〉

使い込むうちに失われていく水分と油分を適度に与え、革にしなやかさとつやを出す役割がある。色つきのものと無色のものがあり、基本的には靴に合った色のものを選ぶが、迷った場合は無色のものを選んでもいい。本書では、水分を含んだ乳化性クリームを使用する方法を紹介している。

**Brift H ／
ザ クリーム**

化粧品メーカーと共同開発したクリーム。革の劣化を防ぎ、上品なつやを出す。水、油脂、ロウなど28種の成分が革にやさしい。全11色。

**コロニル／1909 シュプリーム
クリームデラックス**

天然オイルが革に浸透し、革を健康にしなやかにする栄養クリーム。繊維に潤いを与え、しっとりしたつやが出る。全7色。

**サフィールノワール／
クレム1925**

ビーズワックスやカルバナワックス、シアバターを含むクリーム。油性クリームだがのび、浸透性がよく、乳化性同様の使い方ができる。全14色。

**サフィール／
ビーズワックスファインクリーム**

色数の豊富さはピカイチ。補色効果が高く、豊富に含有するビーズワックスが汚れを落としながら革に栄養やつやを与える。全67色。

〈 ワックス 〉

ワックスはロウと油脂を主成分とし、塗布により膜を作ることで革の表面をすべらかにし、重ねて磨くことで美しいつやが出る。さらにキズや汚れ、水濡れから靴を保護する役割もある。靴の芯の入っていない部分を厚塗りにすると、履いているうちにひびが割れてしまうので注意。

Brift H ／ ザ ワックス

コンセプトは「世界一光るワックス」。ロウ成分の配合率が高いため、使用には若干のテクニックが必要だが、本書の手順をふめば最高に光る靴に仕上げられる。全6色。

**サフィールノワール／
ビーズワックスポリッシュ**

ビーズワックスとカルナバワックスをベースとする伝統的な配合で作られたワックス。美しいつやを出すと同時に、革をよい状態に導く。全9色。

**KIWI ／
パレードグロスプレステージ**

鏡面磨きの必須アイテムとして、プロにも愛用者が多い定番ワックス。本書の磨き方で使う場合は、1週間程乾燥させておくとよい。全4色。

●クリームとワックスの違いと成分

靴磨きに使う一般的な乳化性クリームの主成分は、油脂、水、ロウ。ワックスの主成分は油脂とロウ。大きく違うのは水分の有無とロウの含有量で、クリームは油分と水分が浸透して革を保湿し、しっとりしなやかにするのに対し、水分を含まずロウ分を多く含むワックスは革の表面に膜を作って汚れや水、キズから革を保護し、加えて美しい光沢を作るためのものだ。本書の磨きでは使用していないがクリームでも油性のものは水分を含まず、油分を補いながら乳化性クリームよりも強いつやが出るタイプ。革に水分は与えないが、油脂の膜が乾燥を防ぐ効果はある。そのほか、防水やつや出し効果などのために、シリコンやフッ素が含まれるタイプもある。

〈 馬毛ブラシ 〉

しなやかでやわらかな馬毛ブラシは、ほこりを落とすブラッシングに最適。毛先が細部まで届く毛足の長いタイプだと、ほこりをしっかり落とせる。シューケアをしないときでも、靴を履いたらブラッシングすることを習慣づけたい。毎日のように使うものなので、持ちやすく使いやすい形状のものを探そう。

Brift H／オリジナル馬毛ブラシ

300年続く刷毛・ブラシ専門店、江戸屋が製造している。馬のたてがみを使ったブラシは、ほこりをしっかりかき出せる長い毛足が特徴。汎用性が高く、靴磨きの定番アイテムといえる1本。13.5cm。

コロニル／馬毛ブラシ

弾力性のある馬毛を高密度に使用し、ほこり落としのほか、仕上げのポリッシングにも向く。毛色は3種。17cm。

Sanohata Brush
（紗乃織刷子／さのはたブラシ）
／馬毛ブラシ

ブラシの中央部分の毛が少し長くなっていて、効率よくブラッシングできる。ハンドルにはブナ材を使用。18cm。

●ブラシへのこだわりと選び方

毎日、何時間も使う道具としてブラシに求めるのは、使いやすさと耐久性。たとえば持ち手が厚すぎると何足も磨くうちに手が疲れてしまうし、薄すぎると力が入れにくい。毛は手植えのほうが高価にはなるが、抜け毛が圧倒的に少なく（体感的には10倍は差があると感じている）結果長く使える。1718年（享保3年）創業の江戸屋の靴ブラシを使ってみて、その完成度の高さに驚き、これ以上のものはない！と、オリジナルブラシを作っていただくことに。小判型の取っ手はどんな人でも握りやすい形。厚みも絶妙で使いやすい。山羊毛ブラシは、水をつけても毛が抜けにくい仕様にアレンジしてもらっている。

〈 豚毛ブラシ 〉

靴に塗り広げたクリームを均一にのばし、革に浸透させるのに使うのは適度なかたさでコシのある豚毛のブラシ。ブラシにクリームが残るので、色移りを防ぐためにも使用する色別に数本、用意するのがベター。毛足はある程度の長さがあったほうが、細部にまで毛先が届き、使いやすい。

Brift H／オリジナル豚毛ブラシ

老舗刷毛・ブラシ専門店、江戸屋のBrift Hモデル。手植えの豚毛には張りがあり、クリームを手塗りしたあと力強く塗り込むのに最適。ハンドルにはブナ材を使用。13.5㎝。

Sanohata Brush
（紗乃織刷子／さのはたブラシ）
／豚毛ブラシ

細部にまでこだわって手作業でつくられたSanohata Brush。職人が厳選した弾力性と耐久性に優れた豚毛を使用。18㎝。

コロンブス／
ピュアブリストルブラシ

コシがあり磨きやすい長さの豚毛がクリームのつや出しに向く。リーズナブルな価格もうれしい。ハンドルは山桜。17㎝。

〈 山羊毛ブラシ 〉

靴磨きを極めるなら、ワックスの仕上げ用に山羊毛ブラシを用意しよう。山羊毛は非常にやわらかく、少しだけ濡らして使うことで広い範囲にワックスを広げ、うっすらと光をまとわせることができる。使い方はp.80へ。

Brift H／オリジナル山羊毛ブラシ

メイクブラシにも使われるとてもやわらかい山羊毛を使用。仕上げのつや出しの必須アイテム。日々のブラッシングでつやを出すのにも適している。ハンドルはブナ材。13.5㎝。

〈 シューケア用品 〉

布や紙やすりは、実は靴磨きには欠かせないもの。布は場面によって、毛足の短い綿布、毛足のあるネル生地を使い分ける。家にある布を切って使ってもよい。そのほか揃えておきたいグッズが、こちら！

ハンドラップ

上部をプッシュすると中の液体が出るハンドラップ は、ワックスの重ね塗りや水研ぎの際にあると作業の効率がアップする。

Brift H／汚れ落とし布

靴磨きには欠かせないコットン素材の布。このタイプは汚れ落としとクリームの拭き取りに使う。約45×10㎝が10枚入り。

**サフィール／コットン
フランネルポリッシュクロス**

やわらかな綿フラノ（起毛生地）100%の磨き布。汚れ落としに使用してもいい。約21×33㎝が5枚入り。

Brift H／磨き布

ワックスを塗り重ねるのに使うのはネル生地。短めの起毛が鏡面磨きに最適なプロ仕様。オリジナルカラーの50×8㎝が4枚入り。

コニシ／ボンド G17

中敷きの貼り直しや革のめくれなど、靴の修理に適したゴム系接着剤。中敷きを貼る場合、靴底、中敷きの両側に接着剤を塗ってしばらくおき、乾く直前に張り合わせる。

**M.モゥブレイ／
ポリッシングコットン**

革にやさしいソフトコットンの起毛生地。大きめなので指に巻くならカットして使うとよい。約33×42㎝。

紙やすり

コバを整えたり、起毛革靴の汚れを落としたりするのに使う。靴磨きには空研ぎ用か耐水ペーパーが向く。

〈 ソールケア用品 〉

靴のソールは、アッパーよりも過酷な環境下におかれ、革が疲労している。ソールオイルは油分を浸透させることで、割れや摩耗の原因である乾燥を軽減、柔軟性をもたらす。ソールの縁のコバの補色には、専用のインクを使う。

Brift H／ザ ソールオイル

植物オイルと酢だけで作られた天然素材のソールオイル。ソールに適度なしなやかさを与え、酢の抗菌作用がカビを生えにくくする。

タピール／レザーソールオイル

アマニ油、オレンジオイル、酢を配合した、定番ソールオイル。酢の抗菌効果も期待できる。

サフィールノワール／ソールガード

セサミシードオイル、アボカドオイルを配合。ソールに栄養を与えつつ、水の浸透や劣化を軽減する。

M. モゥブレィ／ソールモイスチャライザー

オイルよりもさらっとした仕上がりの乳液タイプ。同ブランドの塗布用ブラシも揃っている。

Brift H／オリジナルソールオイル用スポンジ

ソールオイル用に作られたハンドルつきのスポンジ。さっとなでるだけで塗れ、手もべとつかない。

コロンブス／革コバインキ

摩耗などで色あせたコバを補色する専用インク。耐候性に優れた染料を使用し、塗布後の色があせにくい。全3色。

〈 起毛革用ブラシ 〉

起毛革の手入れは、表革とはまったく異なるため、専用の道具が必要になる。なかでも汚れを落としのための起毛革用ブラシは汚れが気になったらさっと使える必須アイテム。ゴムタイプ、金属線、樹脂毛などのタイプがあるが、いずれも汚れをこすり落とすのに適している。使い方はp.96へ。

Brift H ／スエード用ブラシ

手植えされた極細のやわらかな銅線が、革を荒らさずに起毛革表面の汚れを落とし、毛並みを整える。特に、やわらかい起毛革には必須の一本。

ペダック／クレープヌバックブラシ

ゴムで汚れを落とし、ナイロンブラシで毛並みを整える2wayブラシ。リーズナブルなので最初に1本にも。

サフィール／クレープブラシ

天然ゴムがほこりや黒ずみを吸着することで汚れを落とすタイプ。天然ゴムの耐久性も高く長く愛用できる。

**M.モゥブレィ／
ラテックス＆スプラッシュブラシ**

発泡ゴム面でほこりや毛の間の汚れ落とし、天然ゴム面で頑固な汚れをこすり落とすブロックタイプ。

〈 洗剤 〉

ブラシなどで落とし切れない起毛革の靴のしつこい汚れは、専用の洗剤で洗うことですっきりきれいになる。ブラシややすりによるこすりすぎは革を傷めてしまうので、思い切って丸洗いしてしまうのも手。表革を洗う場合にも、皮革専用の洗剤を使う。

サフィール／オムニローション

スエード、ヌバック、布製品用の汚れ落とし用ローション（写真は業務用パッケージ）。全体の汚れがすっきり落とせる。使い方はp.94へ。

〈 防水スプレー 〉

表革の場合、ワックス塗布でも多少の防水効果は得られるが、雨の日用の靴には防水スプレーをかけておくと安心。また起毛革の靴は、新品のときはもちろん、手入れの最後に専用のスプレーをかけることで、防水だけでなく補色や油分の補給も行える。

Brift H／ザ スプレー

フッ素による高い防水力があり、油分を含まないため、革の色が変わらない。革製品に特化した一本。水濡れはもちろん、汚れからも大切な靴を守る。

サフィール／スエード＆ヌバックスプレー

補色と撥水、油分の補給ができ、磨き後の起毛革を美しく整える。アーモンドオイルを配合。全18色。

コロニル／ヌバック＋ベロアスプレー

フッ素樹脂が毛足に浸透し防水効果が得られ、色つきタイプなら色あせた起毛革の補色もできる。

コロンブス／ミンクオイルスプレー

多色づかいの起毛革の靴には、ミンクオイルで色味を補う方法も。色に深みが出てしっとり仕上がる。

サフィール／サドルソープ

皮革製品（表革）専用の石けん。頑固な汚れやしみ、塩ふきなどをさっぱり洗い落とせる。どの場合も水洗いには変形や不十分な乾燥による不具合が生じるリスクもあるので注意を。

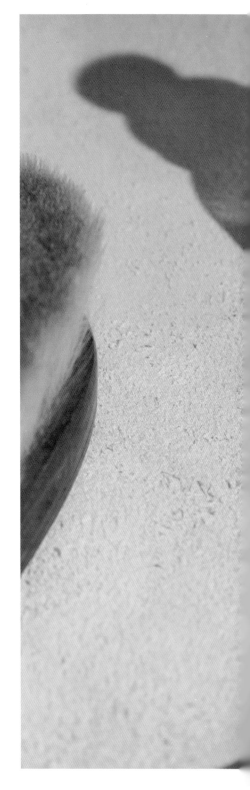

靴磨きの方法に絶対という決まりはない。ササッと手軽にもできるし、時間をかけてじっくりともできる。でも全工程を理解していなければ、簡単磨きがただの手抜きになってしまったり、じっくり磨きがやりすぎになってしまったりしかねない。この章では、靴磨きの全工程を徹底的に解説していく。解説のとおりに磨いてみれば、靴磨きビギナーも、靴磨きが趣味という人も、これまでにない満足のいく仕上がりを手に入れられる。そして、靴磨きのおもしろさ、その魅力にさらにハマっていくはずだ。

プロの靴磨き、すべて見せます

3

徹底解説 "プロの磨き"

何万足もの靴を磨き続けてきた長谷川流の靴磨きは、目の前にある一足を、より
美しく、もっとかっこよくする、とっておきのテクニック。その世界一の靴磨きの
詳細を、ついにここに大公開！

01. 磨き上がりをイメージする

はじめに全体を見渡して靴の様子をチェック。どんなケアが必要か？
どこをどのくらい光らせるか？　ケアの流れから仕上がりまでをイメージしてみよう。

◎プロのひとこと

革の状態は？トラブルはあ
るか？のチェックはもちろん、
この靴にはどんな磨きが適
していて、どう光らせばかっ
こいいか？は、この段階で
すべて考えておきます。

実際のケアに入る前の大事な工程。靴の汚れ具合やキズ、
しみ、ひび割れなどの不具合がないかをチェックして、あれ
ばそれぞれのケアを計画（靴のトラブルケアについてはp.150〜）。
さらにワックスで磨いたときの光らせ具合、最終的な仕上が
りまでをイメージする。ゴールが定まっていることで、そこ
に至るまでのケアを的確に行うことができる。

❶ トゥ

つま先はキズがあることが多い。細かいキズはクリームとワックスの塗布で消えるが、深いキズはワックスで埋める必要がある。

❷ アッパー

アッパーを見渡し、革の乾燥具合や汚れ、しみ、ひびなどのトラブルの有無を確認し、補修の必要があるかなどを決める。履きじわの入り方も見ておきたい。さらに全体を見て磨きの方針を決める。

❸ タン

靴のもとの色を確認するときのため、ここは基本的には磨きは行わない。

❹ ライニング

裏地が傷んでいればプロに補修を依頼。中敷きのはがれは、ボンド（p.38）を使って自分で補修ができる。

（側面）　（底面）

❺ コバ、❻ ソール

ソールのサイドのコバは、かさつき具合やキズや色ムラをチェック。ここではレザーソールのコバの磨きも紹介する。靴底は裏を見て、減り具合などを確認。修理に出すタイミングはp.165参照。

❼ ヒール

ソール同様に減り具合と、キズや傷みを確認する。トップリフト（一番下の層）までの減りなら容易に交換できる（p.164）。

❽ かかと

ほかのパーツと同様にキズなどをチェックする。

02. 紐やバックルを外す

シューケアを始める前に、まずは靴紐を外す。
取り外しできる飾りなども、外しておいたほうが作業がしやすい。

左）ケアが終わったら正しくもとに戻せるよう、紐の通し方を覚えておくこと。心配なら写真を撮っておくといい。
上）内羽根式の靴は羽根が大きく開かず、外してしまうと通すのが大変なので、つま先側の一段だけ紐を残しておく。

03. アルコールで内部を消毒する

靴の中は汗やほこりでかなり汚れているもの。
放っておくとカビの原因にもなるので、靴の内部をきれいにしておこう。

①消毒用アルコールを内部にひと吹きする。スプレー後、アルコールを含ませたコットンパフ（化粧用など）で拭き取る。　②側面→中敷き→先端の順に拭く。中敷きのロゴがアルコールではげることがあるので注意。つま先内側をぐるっと拭くときは、写真のように拭いている靴と反対の手（左足には右手で）を使うと、奥までグイッと手が入りやすい。

04. シューツリーを入れる

保管の際はもちろん、靴を磨くときにも必ず使ってほしいのがシューツリー。
靴の形を整えることで、細部までしっかり磨くことができる。

①靴磨きのときにぜひ使ってほしいのが、つま先側がスポンジのシューツリー。木製やプラスチック製のものと違って弾力があるので、クリームをしっかり塗り込みやすい。なければ保管時に使っているシューツリーを使ってもOK。

②シューツリーを靴に入れる。スポンジ部分がつま先にしっかり入るように、グイッと両足に入れる。

③紐を靴の中にしまい、反りを正すように靴をまっすぐに整える。履いているうちに靴はつま先側が上がってくるので、それを戻すイメージで。つま先、かかとが地面に密着するようにのばす。

05. コバをやすりで整える

コバは、履いているうちに表面がザラついてくる。ここが荒れていると、
いくらアッパーがきれいに光っていてもイマイチの仕上がりに。やすりで整えよう。

①下が荒れたコバ、上が整えたコバ。比べると一目瞭然、整えたほうが断然かっこいい。

紙やすりは、#150、#280を約3×7cmにカットし、荒れ具合に応じて使い分け。木工用のやすりは不向き。

②作業しやすい向きに靴を置き（磨く箇所に応じて動かす）、片手で作業台に安定させる。やすりは短辺側を端から使う。

爪があるコバでは、爪を削らないように、やすりを細く折り、爪の間だけを削る。

③うっかりアッパーを削ってしまうことがないように、やすりを押さえた親指の先を、少しだけやすりから出してアッパーをガードする。

④片サイド5〜10往復を目安にやすりをかけ、表面のザラつきがなくなればOK。削りすぎにはくれぐれも注意する。片サイドを整えたら、使い終えた部分（汚れがついた部分）を折りたたみ、やすりを新しい面にする。

⑤やすりの新しい面でつま先を整える。つま先部分はやすりを往復させるのが難しいので一方向に動かすといい。つま先を終えたら、再びやすりを折って新しい面にして、④の逆サイドを整える。

⑥さらにやすりを折って、新しい面でヒールの一番下、トップリフト（p.103）だけを整える。ゴム底の靴はゴム部分は削らない。

⑦折りたたんだやすりを開くと、4回分（両サイド、つま先、ヒール下部）の汚れがついている。この汚れた部分を使ってヒールの上部全体を整える。ここは通常あまりザラついていないので、使い終えた面を用いるとちょうどいい加減で整えることができる。

⑧ヒールのアゴ（内側）にザラつきがあれば、⑦に続いてここも整える。革の繊維がほつれて飛び出していたら、はさみでカットする。

06. 馬毛ブラシでほこりを落とす

ブラシを持つ利き手は常に同じ位置で動かし、ブラシの位置に合わせて
靴を回転・移動させるのがブラッシングのコツ。

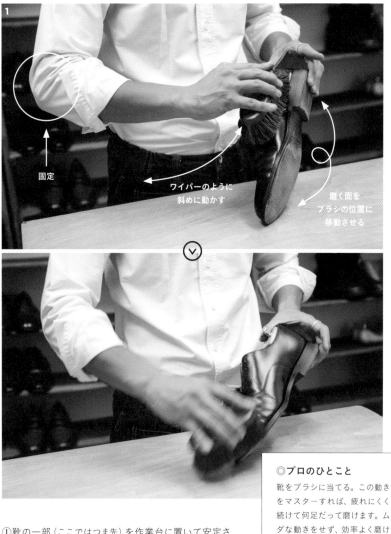

固定

ワイパーのように
斜めに動かす

磨く面を
ブラシの位置に
移動させる

①靴の一部（ここではつま先）を作業台に置いて安定さ
せる。右手（ブラシを持つ利き手）は、同じ位置で常に一
定のリズムで上下させながら、靴を傾けたり回したりし
て、磨きたい面をブラシに当てていく。

◎ **プロのひとこと**

靴をブラシに当てる。この動き
をマスターすれば、疲れにくく
続けて何足だって磨けます。ム
ダな動きをせず、効率よく磨け
るようになると、靴磨きがもっと
楽しくなりますよ。

②スタートはかかと付近から。左手（利き手の反対）はヒールを持つと靴を回転させやすい。

③靴のサイドをつま先に向かって進んでいく。ほこりのたまりやすいコバとアッパーの間も忘れずに。

④つま先を通って逆サイドへ。靴は回転させると同時に、ブラシが添うように、左右に傾ける動きも入れるといい。

⑤グルっと一周、反対側のかかとまでブラッシングしたら、次ページで示した、しっかりブラッシングするポイントを重ねてブラッシングする。

全体にブラシをかけたら、ほこりがたまりやすい土踏まずの部分はさらに重点的にブラッシングする。ブラシの毛先で汚れをかき出すようにするといい。

同様に羽根の内側も忘れずにブラシをかける。内羽根式なら羽根をできるだけ広げて、こちらもブラシの先端でかき出す。無理に広げて形崩れしないように注意する。

◎プロのひとこと

磨きの順序（全工程共通）

ほこり落としのブラッシングから最終仕上げまで、基本的には、かかとからスタートし、サイドからつま先を通って逆サイド、かかとへ戻る順序でケアをしています（僕の場合。左足なら外側のかかとから、右足なら内側のかかとから）。順序を決めておくことで磨き忘れが防げるし、手順が混乱せず、スムースに作業が進みます。

07. コバにインクを塗る

やすりで整えたコバにインクを塗ることで、あせていた色が蘇がえり、グッと引き締まった印象になる。

①革靴用のコバインクを付属のスポンジに含ませる。スポンジをインクに浸してから、瓶の縁でしごいて、スポンジから垂れ落ちないくらいの量に調節する。

②アッパーにインクがつかないようスポンジの角を使うのがポイント。コバを整えたときと同じくサイド、つま先、逆サイドの順に前半分を塗る。

③次にヒールを塗る。やすりをかけた下部は必ず、それ以外は色が落ちていたり、荒れていれば塗り、状態がよければ塗らなくてもいい。

④靴を裏返してソールの縁にもインクを塗る。目立たない場所だが、ここをきちんと塗ることでエッジが引き締まり、最終的な仕上がりにグッと差がつく。

08. 布を指に巻く

このあとに続くクリーナーやクリームの拭き取りは、指に布を巻いて行う。
上手に巻けないという声の多い、磨き布の巻き方を徹底解説。

①布を巻くのは利き手（ここでは右手）の人差し指と中指の2本。使い古しのシーツやワイシャツなど毛足のないコットン素材を、7～8×60cmにカットして使う。

②布の端を10cmほど手前に垂らして、2本の指に布をかける。2本指の先端は1cmほど余裕をもたせる。

③指の下側、2本の指の中央あたりで布を2枚合わせてつまむ。ここを起点とし、ずらさないように注意して次の工程へ。

④左手を固定したまま、右手の指先を自分のほうへ向けるように、手首を回転させる。

⑤右手の指先が下を向く方向にさらに回転させ、2本指の手の甲側で布がねじれるようにする。

⑥右手の甲が上を向くまで回転する。ここまで左手は布をつまんだまま、固定しておく。

⑦左手で絞った布がゆるまないように気をつけて、続いて左手に残った布を処理する。

⑧布をつまんでいた左手を手前に抜きながら、布をねじっていく。ここで布がゆるみやすいので注意!

⑨ねじった布を引っ張りながら、右手の2本指の下を通して向こう側に出す。

⑩そのまま2本指の根元にねじった布を巻きつける。

⑪手のひら側まで巻きつけたら、親指のつけ根でしっかりはさみ、残りの布は薬指と小指で握る。

⑫完成! 布端が長く余って邪魔になるようなら、さらに手の甲に巻いてもいい。

09. クリーナーで拭き取る

クリーナーを使った拭き取りは、汚れやワックスを落とすのが目的。
革をスッピンの状態に戻してから、保湿や磨きを行う。

靴に残ったワックスや汚れを除去するクリーナー。ローションタイプ（左）は以前から使われてきたが、最近はワックスを溶かしながら落としてくれるペーストタイプ（右）が主流になってきている。いずれも布に取って使う。

原寸大

ペーストタイプの場合、
1回分の分量は、コーヒー豆サイズくらい。

布を巻いた指に、ペーストタイプのクリーナーを取る。1回に取る量の目安は上の写真を参考に！

液体タイプの場合は、500円玉大くらいの量のクリーナーを布に含ませる。

①クリーナーを布に取り、かかとからサイド半分ほどの範囲になじませ、それを拭き取る。少し力を入れて、直線的に研ぐような動きで、靴表面のワックスなどを落とす。

②このくらい取れる。ワックスが厚く残っている場合は、左ページの1回量では拭き取り切れないので、革がスッピンの状態になるまで重ねて拭き取る。

③拭き取るごとに布をきれいな面に巻き替えて、次につま先と甲の縦半分を拭き取っていく。

④つま先を拭くとき、靴の向きを変えたほうが拭きやすいようなら、前後を持ち替えてもかまわない。タンは本来拭かないが（靴のもとの色を残すため）、汚れがひどければ軽く拭いてもいい。

⑤残りのつま先と甲、反対側のサイド半分と、靴全体を4分割にした範囲を1回分として、全体を拭き取る。

⑥拭き取りすぎは革を傷めるが、ここでワックスが残っていると厚塗りの原因になってしまう。ゴシゴシこすることはせず、手早く表面の汚れとワックスを取り除く。

10. クリームを塗る

革に適度な水分と油分を与えるのが乳化性クリームの役割。
乾燥した革がしっとりとやわらかくなる。靴を長持ちさせるための大切な工程だ。

原寸大

1回分の分量は、お米2粒程度。
足りなくなったら適宜足す。

①乳化性クリームを適量、指に取る。クリーム塗布用のブラシもあるが、指を使ったほうがなじませやすく、革の状態も確かめられるのでおすすめ。

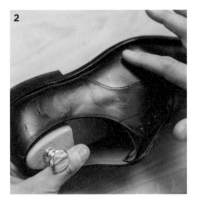

②クルクルと円を描きながら靴にクリームを塗りのばす。1回分のクリームを塗りのばせる範囲は革の状態により違うので、かかとからスタートし、クリームがのびなくなったら次のクリームを足す。

③ヴァンプ（p.102）はサイドよりも念入りに。特に履きじわはしわに沿って、こりをほぐすイメージで揉むように塗り込む。ひび割れがあった場合も同様に、しっかり塗り込み、クリーム成分を与える。塗り込むうち革の感触が変わってくるのが分かるはず。

◎プロのひとこと

履きじわの出るヴァンプには、しっかり塗り込んで！

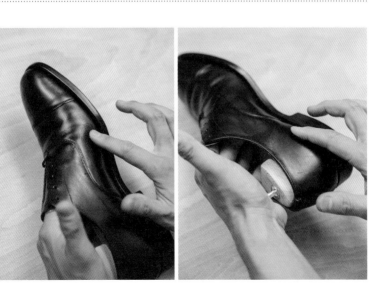

④続けて逆サイドも同様に、つま先側からかかと側に向かって、適宜クリームを足しながら塗る。

⑤コバブラシにクリームを取り、コバとアッパーの間にもクリームを塗る。分量はp.58のお米2粒分が1足分だ。

◎プロのひとこと

靴磨きに欠かせないクリームとワックス。近年は天然素材から作られたものが主流になっています。その原料には以下のようなものがあります。

・**カルバナワックス**…ヤシ科のカルバナヤシの葉から採れるロウ成分。かたく融点が高く、つや出し効果に優れる。

・**ビーズワックス**…ミツバチが巣を作るために分泌するロウ成分。やわらかく浸透性が高い。

・**ラノリン**…羊の汗腺から分泌されるロウ成分。抱水性に優れる。

・**その他ロウ成分**…シェラック（ラックイガラムシ）、キャンデリラ（キャンデリラ草）など。

・**動植物由来の油脂（オイル）**…植物性にホホバオイルやシーダーウッドオイル、パームオイルなど。動物性にミンクオイルなど。革に浸透し失われた油分を補う。

・**テレビン油**…マツから採れる精油でロウ、油脂を溶かす溶剤として使われる。オレンジ由来のテレビンもある。石油由来のものが多かった溶剤も天然素材のものが登場している。

11. 豚毛ブラシでクリームをなじませる

表面に塗り広げたクリームを、革に浸透させるための作業。
張りのある豚毛のブラシを使って、力強くブラッシングするのがポイント！

①クリームを革に浸透させるため、豚毛の
ブラシをかける。ここは全力を出して、力
強くブラッシング。ブラシをかける順序、
ブラシと靴の動かし方は、p.50〜51と同様
に行う。

②アッパーの前部分では、しわに沿って力
強くブラッシング。革がしっとりするため、
しわが目立ちにくくなる。

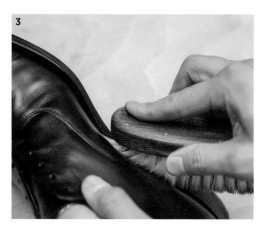

③コバとアッパーの間にブラ
シの毛先を入れて、ここも一
周しっかりブラッシングする。
ブラッシングを終えるとつや
が出てくるのが分かる。

12. 余分なクリームを拭き取る

シューケアの最後の作業は、残ったクリームの拭き取り。さっと全体を拭き取ろう。
ここまでの工程で、靴にはしっとりとしたつやが甦っているはず。

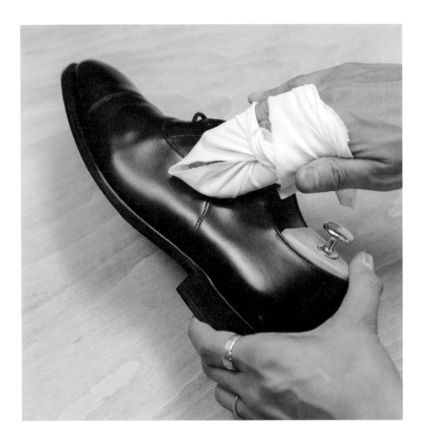

p.54〜55同様の方法で、ここでは人差
し指、中指、薬指の3本指に布を巻き、広
い面で表面に残ったクリームを拭き取る。
力は入れずに全体をサーッと、布を1〜2
回巻き替える程度でOK。余分なクリー
ムが取れ、表面がサラッとした感触にな
れば終了。

13. シューケア完了

これで、靴の汚れを取り除き、革の状態をよくするためのシューケアが終了。
10回履くごとに行うことで、大切な靴を長持ちさせることができる。

ほこりを落としてクリームを塗っただけでも、いいつやが出て、コバも磨いてあるので十分に
美しい仕上がり。ピカピカに光らせなくてもいいときには、ここまでのケアでもOK。もう、
革のケアはしっかりできている。

14. ワックスを指に取る

プロが磨いたピカピカの仕上がりは、ワックスを使ったテクニックがキモ。
指で塗り、続いて磨き布を使うとっておきの技を伝授しよう。

靴と同色のワックスを選ぶ。ワックスが新品でとろみが強い場合は、容器のふたを開けたまま1週間ほど乾燥させてから使う。

ワックスをくるっとひとなでして、指先を薄く
覆う程度の量を取る。適宜足しながら塗るので、
1回分の量はごく少量。多すぎるとムラになっ
てしまうので注意!

15. ベースのワックスを塗る

シューシャインで重要なのは、このベース作り。指でワックスを塗り重ねて
第一層をきちんと作っておくことで、このあとにうまく層を重ねていくことができる。

●ベース作りの範囲を白い靴で見てみよう

A つま先の芯が入った部分は、しっかりとワックスを塗り重ね、履きじわに向かって自然にぼかす。

B かかとの芯が入った部分は、しっかりとワックスを塗り重ねる。

> コアで
> 光らせる部分

芯のきわは自然にぼかす。A、Bに塗ったワックスの余分を、塗り広げるようなイメージ。

C アッパーとコバのきわの下面にだけ、ワックスを塗る。

①かかとの芯が入っている部分（前ページの⑤の点線内）に、縦横に指を動かしてワックスをムラなく塗り広げる。指のワックスがなくなったら（指が滑りにくくなるのが目安）ワックスを取り、1ヵ所ごとに、表面がツルッとしてくるまで塗り重ねる（右ページ参照）。

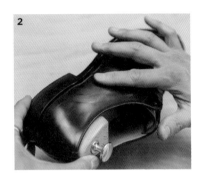

②芯のきわはグラデーションをつけるようにワックスをぼかす。芯の端から指1本分くらいの範囲に、芯の部分に塗ったワックスの余分を塗り広げる。

③サイドは（前ページの⑥）は、アッパーとコバのきわ、ふくらみの下部にだけワックスを塗り、つま先とラインをつなぐ。

④つま先の芯が入っている部分（前ページの⑧の点線内）も、端からワックスを塗り広げ、芯のきわは履きじわに向かって、②の要領でグラデーションをつける。つま先を塗り終えたら、逆サイドからかかとまでを同様に塗る。

●どのくらいベースのワックスを塗り重ねるか？

ベース作り前　　　　　　ベース作り後

ワックスを塗るとまず表面が白く濁るが、塗り重ねていくと濁りの下に光の筋が見えてくる。写真のように光の筋がシャープになるのが、ベースがきちんと作られた合図。ここまで重ねると、表面が滑らかな感触になる。

かかとも、つま先と同様に表面がツルッとした感触になり、光の筋が出てくるまでベースのワックスを塗り重ねる。

--- ポイント ---

ワックスは少量ずつ、ムラなく塗り広げる
→ベースにムラがあると、このあとワックスを塗り重ねていってもムラのある仕上がりになってしまう。

重ねる回数は革の具合により調整する
→ベース作りで表面をすべらかにするのがキモなので、きめが粗い革、凹凸のある革は塗り重ねる回数を増やす。

乾燥しすぎたワックスは使わない
→少量ずつ何度も繰り返し重ねるので、かたいワックスだとムラになりやすい。

16. 磨き布を指に巻く

今度の布の巻き方は、指との一体感がポイント。
指に密着しズレにくく、しわが出にくい、とっておきの巻き方をお見せしよう。

①布を巻くのは利き手（ここでは右手）人差し指と中指の2本。使う布は起毛したネル生地（靴磨き用に市販もされている）。約10×60cmにカットする。

②布を縦方向に2本指に載せ、布端は親指で固定。指先を包み込むように左手でつまむ。

③左手で布をつまんだまま、右手を手前に返して手の甲を自分のほうへ向ける。指先の布がひとねじりされた状態になる。

④布がずれないように気をつけながら、左手に握った布を数回ねじる。

⑤右手を②の向きに戻し、ねじった左手の布を手前から指の根元に巻きつける。

⑥そのまま、一周させる。これで右手親指で押さえていた布端が固定される。

⑦布端を、指の根元に巻きつけた輪に通す。

⑧輪に通した布端を手前に引き、輪を引き締める。

⑨そのまま右（親指側）に引っ張る。

⑩引っ張りながら右手を手前に返し、再び手の甲を自分のほうへ向け、布端も手の甲側へ移動させる。

⑪布端を2本の指の間に収め、手首のほうへギュッと引っ張る。

⑫布を張ってしわをのばし、布端が長く余って邪魔になるようなら残りの指で軽く握る。

17. 磨き布を水で濡らす

ベースを作ったあとは磨き布と水を使って、さらにワックスを塗り重ね、
つやつやに輝くワックスの膜を作っていく。

ハンドラップで1プッシュ（水滴なら5滴ほど）で磨き布を湿らせる。磨いている間は、常にこのくらいの状態に布が湿っているのが理想。湿り具合を覚えておこう。

18. 磨き布にワックスを取る

美しい仕上がりを目指すなら、薄いワックスの膜を何層も重ねていくのがポイント。
ワックスをたくさん取りすぎないように気をつけたい。

濡らした布に、少量のワックスを取る。布を巻いた指で、ワックス表面をひとなでする程度で十分。

19. ワックスをベースに重ねながら磨く

湿らせた布に少量取ったワックスを、ベースの上に重ねていく。
ベースのワックスを拭わない力かげんで磨くのがポイントだ。

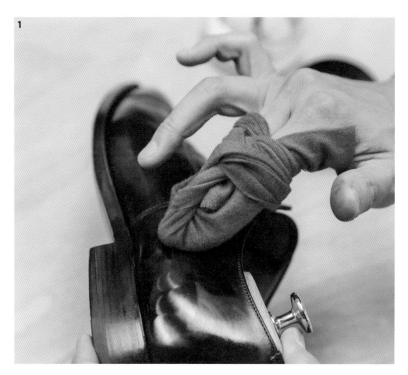

1

①力入れずにクルクルと、円を描きながらワックスを塗る。作っておいたベースにワックスを重ねて新たな膜を作る作業なので、塗り込むというよりも、載せる感覚が大事。かかとの芯が入った部分を中心に磨きながら、少し広めに指を動かして、芯の境目で自然なグラデーションを作る。

●ワックスを足すタイミング

布に湿り気がなくなったり、磨き布に取ったワックスがなくなったときに、適宜、布を水で濡らしワックスを足す。通常、水、ワックスの順に足せばいいが、どちらかだけが不足する場合もあるので、布の具合を見極めるといい。

②アッパーとコバのきわは、中指を使って
スーッとすべらせつつ、前後に動かしなが
らつま先に向かう。

③つま先もかかとと同様、芯の入った部分
にワックスを塗り重ね、塗り広げるときに
は履きじわの少し手前まで指を動かして、
自然なグラデーションを作る。

④逆サイドも同様に、アッパーとコバのす
き間を磨く。

⑤反対側のかかとも磨く。この工程を、目
指す輝きになるまで繰り返す。

20. 磨きを繰り返す

この磨きは、思い描く光り方になるまで繰り返す。

ワックスを重ねて、輝きが増す様子を、光の筋に注目して見てみよう。

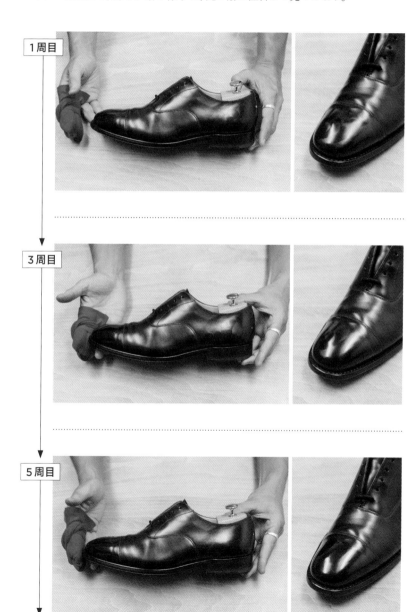

1周目

3周目

5周目

●磨きのストローク

ここではワックスを使って磨くときの実際の指の動きを再現した。本の上で指を動かしてみてイメージトレーニングをしてみよう。全工程に共通するポイントは以下のとおり。

・磨き布を巻いた2本指のうち、中指を革に軽くタッチ、人差し指は中指に添える程度。
・下の写真に入れた線は中指が描く線で、同じところばかりを重ねないように少しずつ位置を変えながらこれを繰り返す。
・p.50〜51のブラッシング同様、布を巻いた手（ここでは右手）の位置はあまり動かさず、逆の手で持った靴を磨く位置に合わせて立てたり傾けたりすると磨きやすい。

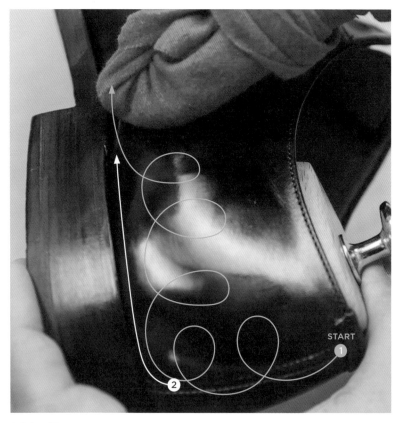

かかと・パターン1

①かかとの真後ろ（縫い目のあるところ）から、芯をなぞるように円を描きながらつま先方向へ前進する。ベースを作ったところの少し先まで進んだら（ぼかしの部分）、スタート地点に戻る。
②アッパーとコバのきわも忘れずに、ここは中指をくぼみに入れるようにして直線的に磨く。
①と②を適宜変えながら繰り返す。

74

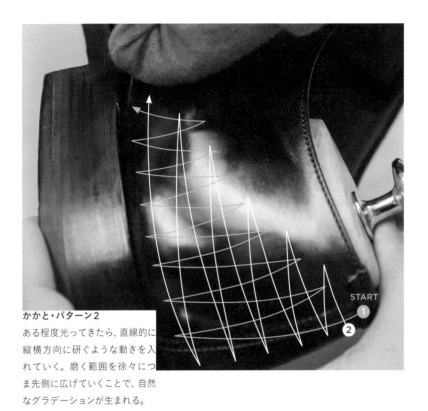

かかと・パターン2

ある程度光ってきたら、直線的に縦横方向に研ぐような動きを入れていく。磨く範囲を徐々につま先側に広げていくことで、自然なグラデーションが生まれる。

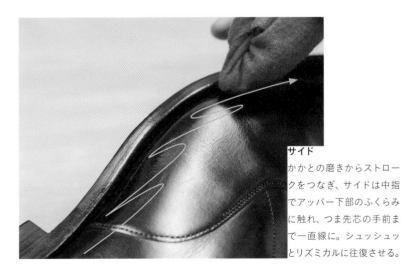

サイド

かかとの磨きからストロークをつなぎ、サイドは中指でアッパー下部のふくらみに触れ、つま先芯の手前まで一直線に。シュッシュッとリズミカルに往復させる。

つま先・パターンA-①

サイドの磨きの延長線上に起点を
置き、円を描きながら前方へ。反対
側まで進んだら、コバのきわを中指
で直線的に磨きながらもとの位置
に戻る。このあと②を行う。

ポイント

スピーディーにリズミカルに磨く。
→ワックスを1ヵ所にかためないためにも、
プロの磨きのテンポは速め（bpmなら190〜
195）。雑にならない範囲でとにかくスピー
ディーにシュッシュッと磨く。

同じところをなぞりすぎない。
→写真で示したラインをずっとなぞるのは
NG。水で濡らした布を使っているので、革
に水がしみてしまう。少しずつ指を置く位
置をずらしながら磨こう。

光が足りない部分はピンポイントで重ね塗り。
→常に光の具合を確認しながら、部分的に
光っていないところがあればワックスを布
に取り、そこだけを磨いてもいい。周囲とな
じませるのを忘れずに。

つま先・パターンA-②
①に続いて、同じように円を描きながらつま先の中ほどを磨く。反対側まで進んだら、コバのきわを磨きながらもとの位置に戻る。①〜②を繰り返す。

つま先・パターンB
ある程度光ってきたら、縦横方向に直線的な動きも入れる。パターンA、Bとも、トゥキャップのステッチは気にしすぎないこと。こうすると履きじわに向かって自然なグラデーションが生まれる。あえてトゥキャップだけを光らせたいときは、指のはみ出しに注意する。

21. コバにワックスを塗り、磨く

アッパーが光っていても、コバがくすんでいたら仕上がりは台なしになってしまう。
コバにもワックスを塗って磨き、プロの仕上がりを目指そう。

①指に少量のワックスを取り、コバとヒールの側面に塗る。

②磨き布を再び2本指に巻き、ぐるっと一周磨いて光らせる。

◎ **プロのひとこと**

コバは水がしみ込みやすいので、改めて布を濡らす必要はない。

22. 残りの箇所にワックスを塗る

ここからは仕上げの工程。靴全体の輝きのまとまりをよくし、
バランスを整えるために、ワックスを塗っていない箇所にも磨きをかける。

①布に取るワックスは、これ
までの倍量くらい。この量で
残りの箇所全部を塗る。

②これまでにワックスを塗っていない箇所
（おもにアッパーの上方）に布に取ったワック
スを薄く塗り広げる。

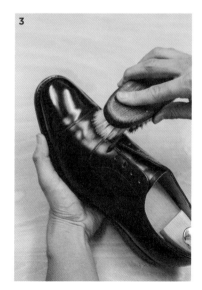

③すでに磨き終えた部分を避けながら、豚
毛ブラシで力強くブラッシングして、②で
塗ったワックスを革に入れ込む。

23. 山羊毛ブラシで、ブラッシングをする

とっておきの仕上げテクニックが、このブラッシング。
濡らした山羊毛ブラシを使って、最後に塗ったワックスをほんのり光らせる。

①ハンドラップで1プッシュ、ブラシに水をつけてから、手のひらで全体になじませる。

②つま先とかかと以外を、やや力を入れてブラッシング。つやのなかった箇所が、ほどよく光ってくる。

◎プロのひとこと

山羊毛ブラシでのこのひと磨きは、ブーツやローファーなど、靴全体をしっとり光らせたいときにも最適。山羊毛ブラシは少し高価ですが、その実力を試してみてください。

仕上げ前

仕上げ後

つま先とかかとがきわ立って光る仕上げ前と、光の強弱をつけながら全体が輝く仕上げ後の違いは歴然。前後の光がつながり一体感が増している。これがプロの磨きだ。

24. 水研ぎをして仕上げる

シューシャインの最後は、水だけで磨いてワックス膜の表面を平らにならし、
うっすら残っている拭き跡を消す作業だ。

磨き布をきれいな面に巻き替え、ハンドラップで1プッシュ（水滴なら5滴）分の水で湿らせる。布に水分をなじませたら、コアで光らせた部分（p.65）を、水研ぎする。最初は力強く、徐々に力を抜くことで、拭き跡が残らず、ピカピカの仕上がりになる。

● 水研ぎのストローク

①布が濡れているうちは、小さめのストロークで、力を入れて「ギュッギュッ」と研ぐように磨く。動きは常に靴に対して縦の動き。

②水気が飛んできたら徐々に力を抜いて、ストロークも大きくして磨く。最後は軽く触れるくらいの力かげんで仕上げる。

25. 靴底にソールオイルを塗る

レザーソールはケアせず放っておくと乾燥してひび割れてしまうことも。
専用のオイルでソールのケアも行おう。ソールがやわらかくなるので歩行性も高まる。

ソールオイル付属のスポンジや、なければ布やブラシに含ませたオイルを塗るだけ。染み込まずに表面に残ったオイルは、ウエスなどで拭き取るといい。ソールが土などで汚れている場合は、汚れを落としてからオイルを塗る。ソールオイルは、2～3ヵ月に1度塗るのがおすすめ。

26. 紐を通す

いよいよ最後の工程。靴紐をもとに戻せば、すべての作業が終了。
紐の汚れが目立つときは交換する。

シューキーパーを外し、もとのとおりに靴紐を通す。紐の汚れや傷みが気になる場合は新しいものに交換するのがベターだ。

27. シューシャイン完了

つま先とかかとはピカピカに光り、全体はしっとりと仕上がった。
この仕上がりを目指して、楽しみながら靴磨きを極めよう！

p.44の靴磨き前、クリームまで塗り終えたp.63と、磨き終えた靴を比べてみると、その効果が分かりますね。僕の場合は1足を45分ほどで磨きますが、みなさんは焦らずに……慣れるほど手際がよくなってきます。これらのケアは、10回履いたら行うようにすると、靴はいつも輝いているばかりでなく格段に長持ちします。また、新しい靴をおろす前にも一度磨いておくと、しみなどが防げるし、革がやわらかくなりその後のしわの入り方に差が出ます。

スタイル別・磨き方指南

本書で紹介したシューシャインはどんな靴にも応用が利くが、「どうすればこの靴が一番かっこよく見えるか」を、靴の色やデザイン、革の具合、目的に合わせて考えてから磨けば、もうワンランク上の仕上がりが目指せる。

〈 ホールカット 〉

p. 44〜の手順に沿って磨きつつ、一枚革ののっぺり感を補うために、サイドの磨きを頑張りたい。下からライトを当てたように光らせることで立体感が生まれて、シンプルなデザインのかっこよさがよりきわ立つ。

下から光を当てたような立体感を出そう

〈 キャップトウ 〉

まずは、デザインのキモであるトゥキャップ（p.102）をしっかり光らせる。ただし、トゥキャップ内にしわがある場合は、その手前でワックスをぼかす。ヴァンプはじわっと光らせる。トゥばかりに気を取られると、バランスの悪い仕上がりになってしまう。

キャップが命だけどその後ろの光も重要

〈 フルブローグ 〉

複数のパーツから成っているので、各パーツを光らせることを念頭に、トゥからヒールにのびるウイングは、その形を生かした光らせ方を目指す。ここではブーメラン型の光が入るような磨き方をした。ウイング全体にワックスを塗り重ねてしまうと、割れてしまうので気をつけよう。

ウイングを美しく
見せる光らせ方を!

〈 パンプス 〉

球根のようなプリッとしたかかとを美しく見せるようにきちんと光らせたら、そこで光が途切れないようにヒールまでしっかり光らせるのがポイント。靴全体では、つま先、かかとと、前後をつなぐサイドの磨きは、紳士靴と同様に行う。

ヒールの縦のライ
ンの光をつなぐ

〈 U チップ 〉

カジュアルな印象が強いUチップ
も、トゥを光らせることで表情が変
わる。このときのポイントは、ステ
ッチのU字型の内側も少しだけ光
らせること。ステッチの外側だけを
光らせると、内と外のコントラスト
がつきすぎてダサくなってしまう。
ほかの靴と同様、Uチップでもつま
先はグラデーションをつけるように、
ワックスの光を内側までのばそう。

ステッチの内側も、
少し光らせるといい

ピカピカよりも全体の
しっとり感を出して

〈 ローファー 〉

特定のパーツをピカピカに
光らせるというよりも、全
体をじわっと光らせるのが
ローファー向き。磨きの工
程で紹介したベース作りは
行わず、布と豚毛ブラシで
全体にワックスを塗り込ん
でから、水で濡らした山羊
毛ブラシでブラッシングす
る方法がおすすめだ。

〈 サイドゴアブーツ 〉

のっぺりしやすいブーツは、つま先を
適度に光らせてから、ローファーと同
じ豚毛ブラシ＋濡らした山羊毛ブラ
シを使う方法で全体を磨く。このデ
ザインでは、オイルを塗ったようにじ
っとりと光らせたいので、豚毛ブラシ
でワックスをしっかりと革に押し込ん
でから、仕上げの磨きをしている。

> オイルを塗ったよう
> なじっとりした光を

〈 ウエスタンブーツ 〉

ウエスタンブーツの特徴は、異素材の組み合
わせとステッチの模様。このステッチに立体
感を出すように筒の部分もワックスで磨く。そ
の際、凹凸にワックスが入り込むよう豚毛ブラ
シを使ってワックスを塗ってから、磨き布を使
って磨きを行う。通常の磨きの7割くらいまで
の仕上げにするとちょうどいい。

> ワックスを巧みに使い
> 飾りに立体感を出す

徹底解説
"起毛革の靴のお手入れ"

これまでに紹介したスムースレザーの靴とはまったく異なる手入れが必要なのが、スエードなどの起毛革の靴。プロが行う手入れの方法を順を追って見ていこう。

〈 あなたの靴に合ったお手入れ方法はどれ？ 〉

起毛革の靴の手入れは、磨いて美しくする表革と違い、新品の状態に戻すためのクリーニングが中心となる。「手をかけて革を育てる」という感覚はないが、汚れたなあ、と思ったときに手入れをすると起毛革の持ち味が持続する。ここからは、水洗いを含めた手入れのフルコースを紹介するが、常にこのすべてを行う必要はなく、汚れ具合に応じてブラッシングだけ、汚れ落としだけなど、工程を選んで行えばいい。

〈 起毛革の靴のお手入れの手順 〉

コバを整える

馬毛ブラシをかける

追加工程

水洗いをする

全体的に汚れているときや起毛革のスニーカーに

起毛革用ブラシをかける

やすりをかける

ブラシで取れない頑固な汚れに

防水スプレーをかける

01. 紐やバックルを外す

02. アルコールで内部を消毒する

03. シューツリーを入れる

01〜03の工程は、スムース
レザーの靴の磨きと同じ手順。
ここで全体を見渡して、どん
な手入れが必要かを考えて
おくといい。

04. アッパーを養生する

アッパーを手入れする前に、コバを整えてインクを塗る。
そのときアッパーの革にインクが染みてしまわないよう、
マスキングテープを貼って保護する。土踏まず側から
すき間ができないように一周テープを貼ったら、コバと
アッパーの間にヘラなどでテープを押し込み密着させる。

05. コバを整える

06. コバにインクを塗る

p.48〜49と同様の方法で、荒れがひどければ＃150、ひどくなければ＃280の紙やすりを使ってコバを整える。コバのザラつきがなくなったら、なるべくマスキングテープにインクがつかないようていねいに、スポンジの角を使ってやすりで整えたコバの側面、ソールの縁にインクを塗る。

07. コバにワックスを塗る

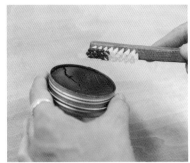

ステッチの部分が汚れていたら、ブラッシングをしてから、コバブラシでステッチの色に合わせたワックスを塗る。ステッチのある面にブラシを当て、アッパーとのすき間にブラシの毛先が入るようにゴシゴシ塗り込む。

08. コバ全体をブラッシングする
09. マスキングテープをはがす

豚毛ブラシに持ち替えて、コバ全体にワックスを塗り込む。ここで毛先がすき間に入るようにゴシゴシしておくと、ワックスの膜ができてコバがつややかになる。豚毛ブラシはサイズが大きいので、マスキングテープをはみ出さないように気をつける。一周ブラシをかけたら、コバ側にテープを引く方向でテープをはがす。アッパー側にはがすとテープについたインクやワックスでアッパーを汚すおそれがあるので注意。

---

10. 馬毛ブラシでほこりを落とす

革に毛足があるので縦横にブラシをかけて、ほこりをかき出す。全体にブラシをかけたら、今度は毛並みを寝かせるように一方向にブラシをかけて色味を均一にする。ここで全体を見て汚れやキズ、毛足の乱れなどを確認し、手入れの仕方を決定する。

靴の状態をチェックしよう

・全体がかなり汚れていて、かつさっぱりさせたければ、……………… 工程11へ
・全体がうっすら汚れていたら、……………………………………… 工程15へ
・ピンポイントで汚れがあれば、……………………………………… 工程16へ

11. 洗剤を皿に出す

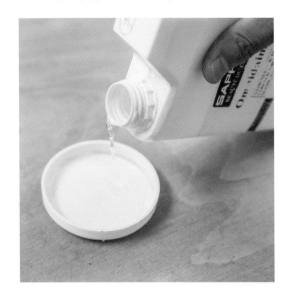

ここからの工程11〜14は、アッパー全体を丸洗いする手順となる。靴全体がかなり汚れてしまったときには、思い切ってガッツリ丸洗いをするのがおすすめ。丸洗いに使う起毛革専用の洗剤（今回はサフィール・オムニローション→p.40）を、適量皿に出す。

12. ブラシで洗剤をつける

付属のブラシ（なければ使い古しの歯ブラシなど）に洗剤を含ませて、かかとから表面をなでるように塗っていく。その都度、洗剤をブラシに取り、しみや汚れがある部分は2度づけしながら、サイド、つま先と甲、逆サイド、逆側のかかとの順に洗剤を塗る。この順序は絶対ではないので、全体をまんべんなく濡らせればOK。裏に染みるほど洗剤をつけるのはNG。表面が濡れる程度でいい。

13. すぐに水をつけたブラシでこする

洗剤が乾かないうちに、今度はブラシに水を含ませて洗剤をつけたときよりも少し力を入れて全体をブラッシングする。革の状態によっては泡立つこともあるが、そのまま全体に水を染み込ませる。ここでも濡らし過ぎには注意する。

14. 乾燥させる

全体にまんべんなく水を染み込ませたら、靴の形を整え直して風通しのいい場所で乾燥させる。直射日光を当てたり、ドライヤーなどの熱を加えるのは、革が縮んだりかたくなったりしてしまうので厳禁。扇風機の風程度であればOK。乾いて、汚れがすっきり落ちていれば工程17へ。残った汚れが気になれば工程15〜16へ。

15. 起毛革用ブラシで汚れを落とす

水洗い後もまだ汚れが残っていた場合、または水洗いまでする必要はないが気になる汚れがあった場合は、起毛革専用ブラシ（ワイヤーブラシやゴムブラシ）で汚れを落とす。起毛革は革の表面を削って毛羽立たせているため、繊維の表面をこすり落とせば汚れが取れる。専用ブラシを使って、毛並みを荒らさない程度に全体をこする。汚れがひどい部分は何度か繰り返す。

◎プロのひとこと
ワイヤーブラシは金属線のやわらかい上質のものでないと革を荒らしてしまうので、いいブラシがなければゴムブラシを使うほうが安心です。

16. やすりを使って汚れを落とす

ブラシをかけても落ちなかった頑固な汚れは、＃280の紙やすりを使って革の表面を削る。ポツンとついてしまった小さな汚れやしみには、折りたたんだ紙やすりの角を使うといい。また、ここで多少色抜けしてしまっても、ある程度は色つきスプレーで補色できる。

◎**プロのひとこと**

やすりがけをすればするほど革を削ってしまうので、汚れを落とすためにどこまで削るかを見極めるのは難しいもの。紙やすりでこすったあと、馬毛ブラシで毛並みを整えて汚れの落ち具合を確認しながら、なかなか落ちないようなら諦めることも肝心。やすりがけのあとに水洗いをしてみるのも一案です。

---

17. 馬毛ブラシでブラッシングする

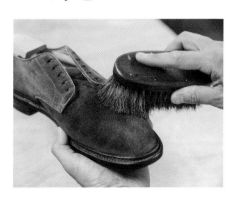

靴の状態に合わせてチョイスした工程を終え汚れが落ちたら、馬毛ブラシを使って汚れ落としで出たカス、ほこりを落とす。

18. 防水スプレーをかける

水の染みやすい起毛革には防水スプレーが必須。専用スプレーには色つきのものがあり、経年変化や汚れ落としで生じた色あせを補色する役割もある。屋外で、30cmほど離して全体にたっぷりスプレーをかける。このとき靴の内側にスプレーがかからないよう注意。色あせが気になる部分があれば、もうひと吹きする。

19. 乾燥させる

風通しのいい場所で、スプレーを乾燥させる。防水スプレーをかけたことで今後の汚れやしみを防ぐことにもなる。

20. 馬毛ブラシで毛並みを整える

スプレーが完全に乾いたら、馬毛ブラシで毛を立てる方向にブラッシングし、毛並みをふっくらとさせる。汚れ落としとスプレーによる補色効果で美しさが蘇っているはず。

21. 山羊毛ブラシでコバを磨く

コバにも防水スプレーがかかってしまうので、ここで山羊毛ブラシをかけることでコバのつやが蘇る。最後に紐やバックルをもとに戻して手入れは完了。

22. 完成

p. 91のお手入れ前と比べると、その効果が分かる。起毛革の靴の場合、どの程度まで手入れをするのかを見極めることが肝心。やりすぎもよくないので、適切な手入れを行いたい。

靴磨きを極めたかったら、靴や革を知ることはとても大切だ。靴はどんな構造なのか？ どんなスタイルの靴があるのか？ 革は動物種ごとにどんな特性をもっているか？ どのようにして作られるのか？ といったことが分かれば、靴、そして革が「求めていること」が理解できるようになってくる。具体的な磨きのテクニックではないが、興味がないとスルーするのはもったいない。ここには靴磨きのヒントが詰まっている。ぜひ知識の幅を広げて、靴磨きに役立てててほしい。

革と皮を知ると、
靴磨きはもっと楽しい

4

革靴の仕組み

人の体重を支え、足を守り、快適な歩行をもたらす靴は、たくさんのパーツから成り立っていて、その構造は実に機能的。見えない部分にもさまざまな工夫がされている。靴磨きを極めるためにも、その構造を理解しておこう。

1 **アッパー**：底を除いた部分の総称。いくつかのパーツから構成され、甲革とも呼ぶ。

2 **トゥ**：つま先部分。つま先だけを覆うパーツはトゥキャップと呼ぶ。

3 **ヴァンプ**：甲の前部分。つま先革とも呼ぶ。

4 **クォーター**：ヴァンプの後ろからかかとまでの部分。腰革とも呼ぶ。

5 **アウトサイドカウンター**：かかとだけを覆うパーツ。カウンターとも呼ぶ。

6 **レースステイ**：靴紐を通す穴のある部分。羽根と呼ぶことが多い。

7 **タン**：レースステイの下にある、ベロと呼ばれる部分。

8 **アイレット**：靴紐を通す穴。鳩目。

9 **シューレース**：靴紐。

10 **トップライン**：履き口。

11 **ライニング**：アッパーの裏地。

12 **コバ**：靴底（ソール）の縁。靴を真上から見ると見える部分。

13 **ウエルト**：アッパーとソールを縫い合わせるためのパーツ。グッドイヤーウエルテッド製法（p.107）に用いられる。細革、押縁とも呼ばれる。かかと部分にはハチマキと呼ばれる別パーツが入る。

⑭ **芯材**：トゥ側を先芯、ヒール側を月型芯、土踏まず部分の芯をシャンクという。

⑮ **中敷き**：靴内部の足に触れる部分。インソールの上に貼りつけられる。

⑯ **インソール**：中底。足を支え、ソールを形作るパーツ。牛革や豚革などが用いられる。

⑰ **リブテープ**：グッドイヤーウエルテッド製法でアッパーとウエルトを縫い合わせるために取りつけられる。ハンドソーンウエルテッド製法（p.106）では、インソールを掘り起こしてリブの役割となる突起（ドブ起こし）を作る。

⑱ **中物**：インソールとアウトソールのすき間を埋める詰め物。コルクやフェルトなどが用いられる。

⑲ **アウトソール**：ソールの地面に接する部分。牛革のほかゴム、ウレタンなどが用いられる。インソールとアウトソールの間にミッドソールを入れた靴もある。

⑳ **ヒールリフト**：かかとの高さを出すパーツ。牛革やゴムなどを20〜30㎜、積み重ねて作る。

㉑ **トップリフト**：かかとの一番下のパーツ。牛革やゴム、ウレタンなどが使われる。

〈 革靴ができるまで 〉

　靴磨きのときに革靴の縫い目を見ると、靴がいくつものパーツを縫い合わせて作られていることが分かる。靴ができるまでの工程は、製法ごとに細かな違いはあっても、大量生産でもビスポークでも、大きな流れに違いはない。現代の大量生産の靴でも機械に任せっきりにできない工程が数多くあり、一足ずつ人が手をかけている。ここではリーガルコーポレーションの工房で、どのように靴が作られているかを見ていこう。すべて手作業のハンドソーンウエルテッド製法だ。

①紙型製作

靴を形作るための木型を基に、靴の各パーツの型紙を起こす作業。木型は既製靴ではサイズやタイプごとに用意されているが、ビスポークの場合は履く人の足に合わせて調整される。

②裁断

木型に沿って取った型紙に合わせて革を裁断する。この作業はただ革を切り抜くだけでなく、革のどの部分が靴のどのパーツに向かうかを見極めながら行われる。抜き型を使ってカットする方法もある。

③製甲（縫製）

アッパーとなる革を切り出したら、おもに縫い代部分の厚みを均等に漉いてから、各パーツを縫い合わせる。同時にライニングも合わせて縫い、アッパーが完成する。部位によっては手縫いをすることも。

④中底仮留め

縫い合わせたアッパーのかかととつま先に芯を入れてから（カウンター入れ）、木型に靴のベースとなる中底（インソール）を仮留めし、木型の足の裏のカーブに合わせて形を整える。

⑤つり込み

アッパーを木型に合わせて形作る作業。木型にアッパーをかぶせたら、つま先から、サイド、かかとの順に、革を引っ張りながら中底へクギで仮留めしていく。この状態でしばらく置いておくことで、アッパーが靴の形になる。

⑥すくい縫い

「ウエルト」を縫いつける。このハンドソーンウエルテッド製法では、インソールに突起（ドブ）が削り出してあり、そこにアッパー（ライニングも）とウエルトをすくい縫いして取りつける。

⑦出し縫い（本底つけ）

シャンク、中物を入れてからアウトソールとウエルトを縫い合わせる。縫い目を隠すために、あらかじめ本底の周囲を薄く切り開いてから縫い、切り開いた革を戻して縫い目を隠す。写真は靴を横に置いたところ（手前がソール）。

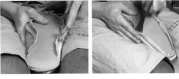

ソールに縫い目が出ないよう、周囲を薄く切り開き（左）、出し縫いのあと、もとに戻す（右）。

⑧コバ削り〜仕上げ、完成

刃物ややすりでコバを完成の形に削り、ヒールを取りつける。さらにコバやヒールまわりを整え、着色する。最後に全体を磨いたら完成。

底づけの方法と特徴

革靴は、各部品を縫い合わせたアッパーと重ねたソールから成る。アッパーとソールの縫いつけ方にはいくつかの種類があり、その違いが見た目を作り出すのはもちろん、履き心地や耐久性、価格や修理のしやすさに大きくかかわる。

〈 ハンドソーンウエルテッド製法 〉

コバに「ウエルト（押縁）」という細い革を用いて、アッパーとソールを縫い合わせる製法が「ウエルテッド」製法。そのうち手縫い製法の代表格。インソールを削って作った突起（ドブ）にアッパー＋ライニング、ウエルトを手で縫い合わせてから、コバの部分でウエルトとアウトソールを出し縫いして作られる。足になじむ履き心地のよさと堅牢さをもつが、製作には手間と時間がかかり、今日ではおもにオーダーメイドに見られる製法となっている。

HASEGAWA's recommend

いつかは手に入れたい、あこがれの存在！ すべて手縫いという究極ともいえる製法です。履き始めのかたさが少なく、返りがよく履き心地は抜群。イギリスの伝統的な手法では中物に水が染みにくいフェルトを使うため、水の侵入も抑えられます。ソール交換も手縫いなのでコストはかかりますが、その価値はあります。

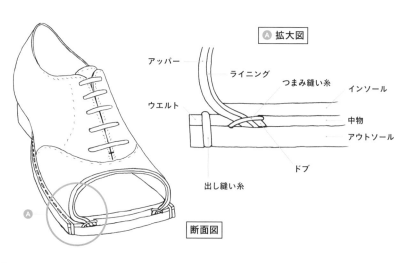

Ⓐ 拡大図

アッパー
ライニング
つまみ縫い糸
インソール
ウエルト
中物
アウトソール
ドブ
出し縫い糸

断面図

〈 グッドイヤーウエルテッド製法 〉

ハンドソーン製法とほぼ同様の構造で、製造工程を機械化したのがグッドイヤーウエルテッド製法。1970年代のアメリカでチャールズ・グッドイヤーJr.が考案。

インソールに「リブ」という布製テープを取りつけて突起を作り、そこにアッパー＋ライニング、ウエルトをミシン縫いする。リブを用いるのがハンドソーンとの大きな違いだ。

堅牢性が高く重厚感もあり、伝統的な作りの紳士靴にこの製法が採用されている。中物が厚いため履き始めに若干のかたさがあるが、履き続けていくと足にフィットしてくる。

ハンドソーン製法とともに、アッパーとソールを縫い合わせている出し縫い糸をほどくことで、アウトソールの交換が容易にでき、この製法の靴は長く愛用することができる。

HASEGAWA's recommend

靴好きなら誰もが好きな製法。堅牢なソールが特徴ですが、それに合わせるので基本的にアッパーにも品質のよい革が使われています（薄く弱い革ではソールの強さに耐えられない）。いい靴を長く履き続けたいと思ったら、これを選んでおけば間違いない、という安心感のある製法といえます。

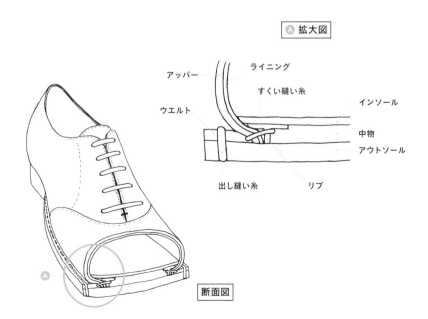

Ⓐ 拡大図

アッパー
ライニング
すくい縫い糸
ウエルト
インソール
中物
アウトソール
出し縫い糸
リブ

Ⓐ

断面図

〈 ノルウィージャンウエルテッド製法 〉

ドブを掘り起こしたインソールとアッパー＋ライニング、L字型のウエルトを靴の側面で縫い合わせてから、ウエルト、ミッドソール、アウトソールをコバで出し縫いする。コバの部分にすくい縫いと出し縫いの2本のステッチが現れる。この製法を用いたブランド靴ではパラブーツが有名。

堅牢性に優れつつ履き心地はやわらかで長時間の歩行に向き、登山靴などにも用いられる。またアッパーとソールの間をL字型のウエルトが覆っているためすき間がなく防水性が高い。同じく靴の側面でアッパー＋ライニングとインソールを縫い合わせ、ウエルトを用いない代わりにアッパーの端を外に折り返して出し縫いする製法に、ノルウィージャン、ノルヴェジェーゼと呼ばれるものがある。

HASEGAWA's recommend

「J.M.ウエストン」や「ステファノ ブランキーニ」のノルヴェジェーゼ製法に見られる、コバまわりのステッチの美しさは、もはや工芸品レベル。手掛けられる職人も数名しかいないとか。ノルウィージャンウエルテッドとともに修理は可能ですが、この堅牢で複雑な構造はほどかない前提で作られていると感じられます。

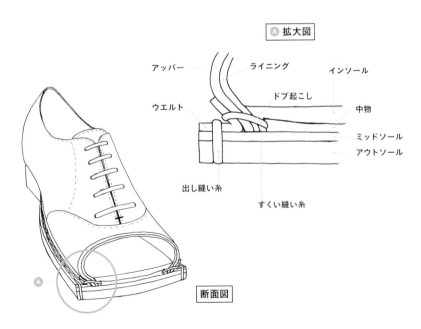

Ⓐ 拡大図

アッパー　ライニング　インソール
ウエルト　ドブ起こし　中物
ミッドソール
アウトソール
出し縫い糸
すくい縫い糸

Ⓐ

断面図

〈 ブラックラピト製法 〉

アッパー＋ライニング、インソール、ミッドソールを靴の中で縫い合わせてから、ミッドソールとアウトソールをコバで出し縫いする製法で、ミッドソールがウエルトの役割をするのが特徴。見た目はグッドイヤー製法と区別がつかないこともあるが、中敷きをはがすと靴の中底に縫い目が見えるのが、この製法だ。グッドイヤーウエルテッド製法とマッケイ製法（p.110）の特徴を持ち合わせることから、日本ではマッケイグッド製法とも呼ばれる。

ミッドソールが入るため靴が重くなるが重厚感のあるデザインとなり、マッケイ製法独特の返り（屈曲性）のよさ、足なじみのよさもある。中物が薄いためクッション製に劣ることも。

イタリアのブランド靴に用いられることが多い。こちらも出し縫い糸をほどいてアウトソールの交換ができる。

HASEGAWA's recommend

構造的にも履き心地的にも、グッドイヤーとマッケイのハイブリット的な製法。あまりポピュラーではないので、この製法の靴を見ると「おっ！ ブラックラピトか」と思ってしまいます。マッケイのシンプルさとやわらかさをもちつつ、グッドイヤーの重厚感を出せるのが一番の特徴でしょう。

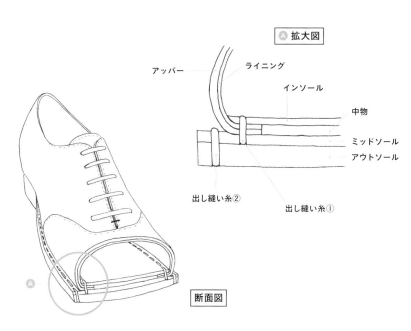

Ⓐ 拡大図

アッパー
ライニング
インソール
中物
ミッドソール
アウトソール
出し縫い糸②
出し縫い糸①

断面図

〈 マッケイ製法 〉

アッパー＋ライニング、インソール、アウトソールを全部まとめて、靴の中で縫い合わせる製法。1950年代後半にアメリカで考案・製品化された。

中敷きで隠れるが、靴の中にぐるっと縫い目が見える。シンプルな構造で返りがよく、軽く柔軟性のある足になじみやすい靴になる。コバの出し縫いがないためコバを薄く細くでき細身のシルエットが作れるのが大きな特徴で、イタリアの靴に多く見られる。

いっぽうインソールからアウトソールまでを縫い目が貫通しているため、水が染みやすいという弱点も。中物が薄いか入らないためクッション性もあまりなく、長時間の歩行には向かない。ソール交換も構造上は可能で、出し縫い糸をほどけば同時にインソールの交換もできる。

HASEGAWA's recommend

マッケイといえばイタリア靴。グッドイヤーの靴にグレー＋ネイビーのスーツがイギリス的なら、イタリアは、カラフルなマッケイ靴にピンクのジャケットとホワイトのパンツというイメージでしょうか。縫い目の針穴の関係上、ソール交換は数回しかできないといわれますが、工夫をすればそれ以上の回数も可能です。

Ⓐ 拡大図

ライニング
アッパー
インソール
中物
アウトソール
出し縫い糸

Ⓐ
断面図

〈 ステッチダウン製法 〉

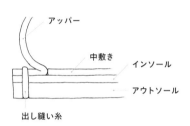

アッパー

中敷き

インソール

アウトソール

出し縫い糸

端を外側に折り返したアッパー、インソール、アウトソールを全部まとめてコバで縫い合わせる製法。コバに縫い目が見え、アッパーの切り口がコバの側面に現れるのが特徴。この製法はライニングのない靴が多く、ある場合はライニングは内側に織り込まれる。1950年代にイギリスの靴メーカー「クラークス」が考案し、そのデザートブーツはいまも人気だ。

超シンプルな構造で、軽く、返りがよく、しなやかな履き心地。単純ゆえに頑丈で、アッパーが外に折り返されているので砂や水が侵入しにくいという長所もある。出し縫い糸をほどけばオールソールの交換は構造上は可能だ。

〈 セメンテッド製法 〉

ライニング

アッパー　中敷き

インソール

アウトソール

縫い合わせる代わりに、アッパー＋ライニング、インソール、アウトソールを接着剤で貼りつける製法。機械による大量生産が可能で安価に作れる、縫い代が必要がないこともありデザインの自由度が高いため、靴の種類を問わず現在多くの靴に用いられている。

基本的にはソールまわりに縫い目がないことで見分けられるが、コバに飾りのステッチを入れてグッドイヤー製法に見せている靴などもある。

縫い糸を使わないために軽く、返りがよく、接着剤で圧着されているため水の侵入にも強い。縫い目をほどいて修理することはできないので、ソールをはじめ、パーツの交換修理は容易ではない。

革靴のスタイル案内

革靴を大きく分けると短靴とブーツがあり、それぞれに紐で締めるタイプとそれ以外のタイプがある。おもな靴のスタイルを、リーガルコーポレーションの現行モデルとアーカイブのコレクション、私物を交えて紹介しよう。

〈 プレーントゥ 〉

　紐で締めて履く短靴のうち、つま先と甲が一枚革で作られる、飾りが一切ないデザイン。外羽根式のものがポピュラーで、シンプルだが使う革や色、デザインの違いで、個性的な靴が多々ある。平面的に見えがちなので、デザインや革の表情に合わせてワックスで光のメリハリを出し、立体感のある仕上がりにするのがおすすめの磨き方だ。

日本人の足に合う履き心地を追求した一足。アッパーには厳選された国産のキップを使用している。

牛革（キップ）／ブラック／グッドイヤーウエルテッド製法
[Shoe&Co.／936S]

ラクダ革／ダークブラウン／ハンド
ソーンウエルテッド製法

ボックスカーフ／ブラック／ハンド
ソーンウエルテッド製法

〈 キャップトゥ 〉

つま先の芯材が入った部分が別パーツになっていて、トゥに縫い目が現れる。ストレートチップと呼ぶことが多い。内羽根式の黒いキャップトゥは最もフォーマルな紳士靴とされていて、かっちりとした装いによく合う。トゥキャップをしっかり光らせ、かかとへつながる光を作るのがポイントとなる。

「リーガル」の定番と呼ぶべき、ストレートチップ。細身のチゼルトゥが特徴的。

牛革／ブラック／グッドイヤーウエルテッド製法［REGAL／315R］

牛革（キップ）／ライトブラウン／
グッドイヤーウエルテッド製法

牛革（カーフ）／ネイビー／グッド
イヤーウエルテッド製法

〈 フルブローグ 〉

アッパーの縫い目に穴飾り（ブローギング）を施したスタイルのなかでも、つま先のパーツがW型になっているタイプがフルブローグ。ウイングチップという名でよく知られ、W型のパーツがかかとまで覆っているものは、ロングウイングチップと呼ばれる。飾りの穴はもともと、湿地帯で濡れた靴の水分を逃す役割があったといわれている。パーツが細かく分かれているので、パーツごとに光らせ方を工夫すると、デザインのよさが引き出せる。

HASEGAWA's recommend

「マスター ロイド」のフルブローグは、80年代のものを入手。ザ英国的ブローギングシューズ！というべき佇まいが、めちゃくちゃ気に入っています。フルブローグですが内羽根式なのでスーツにも合います。もともと、茶色だったものを黒色に染め、トゥのあたりは茶色を残して、履き込んだ風にアレンジしています。

牛革（カーフ）／ブラック（アンティーク仕上げ）／グッドイヤーウエルテッド製法

トゥの W 型のパーツがかかと
まで伸びる、ロングウイングチ
ップはアメリカ的なデザイン。

牛革（キップ）／ブラック／グッド
イヤーウエルテッド製法 [Shoe&
Co. ／ 965S]

堅牢なコバの出し縫いを強調し
た、アメリカンクラシックスタ
イルの外羽根式ウイングチップ。

日本製コードヴァン／ライトブラウ
ン／グッドイヤーウエルテッド製法
／リーガルコーポレーション所蔵

〈 セミブローグ 〉

ストレートチップにブローギングが施され、つま先に大小の穴で柄が描かれているのがセミブローグ。つま先の模様はメダリオン、縫い目の模様はパーフォレーションと呼ばれる。つま先とかかととはパーツごとに光らせて、それ以外の部分は薄くワックスを広げて光らせるとバランスよく仕上がる。

HASEGAWA's recommend

英国の伝統的な靴作りを追求する日本の靴ブランド「マーキス」にフルオーダーした一足。ピンキング（縁のギザギザ）を排除し、飾り穴も小さくして、ドレッシーさを出すよう依頼。アッパーには、伝説のタンナーともいわれる「フロイデンベルグ」社のカーフを使用して、オーラを感じる仕上がりに。深みのあるアーモンドカラーも上品。

牛革（カーフ）／アーモンド／
ハンドソーンウエルテッド製法

男性的なメダリオンとセミスクエアトゥが印象的なモデル。ソールには「ビブラム」社のラギットソールを採用。

牛革（カーフ）／ブラック／グッドイヤーウエルテッド製法［シェットランドフォックス／110F］

〈 **クウォーターブローグ** 〉

　前ページのセミブローグのメダリオンのないタイプ。ブローギングシューズのなかでは最もシンプルなデザインで、フル、セミグローグのような派手さがないのでシーンを問わず履きやすい。トゥキャップの縫い目のみにブローグがあるパンチドキャップトゥと区別されないことも多い。

やわらかな国産キップを使用した外羽根式。小指側にゆとりがあり、土踏まず側を絞った、抑揚のあるラストがポイント。

牛革（キップ）／ブラック／グッドイヤーウエルテッド製法［シェットランドフォックス／101F］

オーソドックスなラウンドトゥの内羽根式。シンプルなデザインで、「シェットランドフォックス」の定番アイテム。

牛革（カーフ）／ブラウン／グッドイヤーウエルテッド製法［シェットランドフォックス／077F］

〈Uチップ〉

　甲にU型にステッチ（モカシン縫い）が入ったデザイン。モカシン縫いは2枚のパーツを縫い合わせるタイプのほか一枚革をつまみ縫いして作るパターンもある。カジュアルシューズなのであまり光沢を出さず全体をしっとり仕上げるか、先端の縫い目の少し内側までグラデーションをつけてもかっこいい。

ロシアンレインディアとは───幻の革といわれ、ロシアンカーフとも呼ばれる。ロシア革命のころに作られていた革だが、現在その技法は消失しており、流通する革は200年以上前に沈没した船舶に積まれていた革を引き揚げたもの。その在庫も、ほとんど見られなくなっている。特徴的な表面の模様は皮に由来するものではなく、鞣しの絞りの工程で使う網目模様が表面に残ったもの。

ロシアンレインディア（トナカイ革）を使用した、「ニュー＆リングウッド」のビスポーク。

ロシアンレインディア／ライトブラウン／ハンドソーンウエルテッド製法／リーガルコーポレーション所蔵

つま先の丸みが特徴的なボリューム感のある一足。「Shoe&Co.」の定番サドルシューズの木型を採用。

牛革（スコッチグレインレザー）／ブラック／グッドイヤーウエルテッド製法
[Shoe&Co.／803S]

〈 サドルシューズ 〉

　甲の部分に別パーツをかぶせて鳩目をつけた、内羽根式とも外羽根式とも異なる構造の紐靴。甲のパーツがサドル（馬の鞍）に似ているため、この名がついた。本体とサドル部を色違いにしたカジュアルなデザインがよく知られる。サドル部の周囲に穴飾りが施されたタイプもある。

「リーガル」のアイコニックモデルとして、アイビールック全盛期から愛され続ける定番モデル。ほかにはないツートンカラーが個性的。

牛革（ガラスレザー）／ブラック×ソーテル／グッドイヤーウエルテッド製法
[REGAL／2051]

アメリカ「ホーウィン」社が独自の方法で鞣したオイルドレザーを使用。サドルの飾り穴とカラーリングが個性的。

牛革（クロムエクセルレザー）／バーガンディブラック／グッドイヤーウエルテッド製法[Shoe&Co.／802S]

〈 ストラップシューズ 〉

　靴紐の代わりにバックルとストラップで靴を締める短靴。バックルが1個のものをモンクストラップ、またはシングルモンクストラップ、2個ならダブルモンクストラップと呼ぶ。プレーントゥやブローグ、Uチップなどさまざまな甲のデザインと組み合わせられるため、多くのバリエーションがある。靴磨きの際、バックルにもワックスがついて曇ってしまうので最後にバックルも磨く。くすんでいたら金属磨きを使うと輝きが戻る。

牛革（カーフ）＋シャーク／ブラウン／グッドイヤーウエルテッド製法

同じモンクストラップでも、シルエットの違いで印象が大きく変わる。ステッチダウン製法で軽やかな履き心地。

牛革（シュリンクレザー）／ブラック／ステッチダウン製法
[Shoe&Co. ／ 807S]

牛革（カーフ）／ブラック／グッド
イヤーウエルテッド製法

丸っぽいバックルにパン
チドキャップが、古き良き
英国の雰囲気漂うデザイ
ン。イギリス「ニュー＆リ
ングウッド」製。

牛革（アンティーク仕上げ）
／ライトブラウン／グッドイ
ヤーウエルテッド製法／リー
ガルコーポレーション所蔵

イギリス「ポールセン スコーン」のダ
ブルモンク。ストラップ幅が狭く、ノー
ズとのバランスが印象的なデザイン。

牛革（アンティーク仕上げ）／ライトブラウ
ン／グッドイヤーウエルテッド製法／リー
ガルコーポレーション所蔵

〈 オペラパンプス 〉

婦人靴のように見えるが、紳士用の礼装靴。名前のとおりオペラ鑑賞や舞踏会、晩餐会のために19世紀のヨーロッパで生まれ、タキシードや燕尾服と合わせて着用される。パテントレザーにシルクのリボンが本式とされる。現在、あまり登場する場面はないが、礼装の機会があれば一度は履いてみたい。

パテントレザーにシルクリボンの正統派のフォーマルシューズ。

牛革（パテントレザー）／ブラック／マッケイ製法［REGAL／425R］

羽根とタン、蝶結びのリボンが個性的な、「シェットランドフォックス」の変形オペラパンプス。

牛革（カーフ）／ブラック／マッケイ製法／リーガルコーポレーション所蔵

〈 エラスティック 〉

靴紐がない代わりに履き口にゴムを内蔵してあり、ゴムが露出したものと、革の蛇腹で覆われているものがある。

脱ぎ履きがしやすく、甲高の人にもフィットしやすい。アッパーにブローギングを施したデザインのものが多く見られるが、飾りの少ないタイプでは立体感を出すような磨き方をするといい。

HASEGAWA's recommend

「エドワード グリーン」のサイドエラスティックは、ちゃんとして見えるのに脱ぎ履きが楽にでき、とても重宝している靴。色違いで2足揃えているほど愛用しています。ほぼ一枚革のアッパーにメダリオンのみのデザインもいい！

牛革（カーフ）／ブラウン／グッドイヤーウエルテッド製法

趣向性の高いデザインで靴マニアに人気のモデル。磨きによって、ブローギングの陰影を際立たせられる。

牛革（カーフ）／ダークブラウン／グッドイヤーウエルテッド製法［シェットランドフォックス／058F］

〈 ギリー 〉

波型のレースステイとブローギング、飾りつきのシューレースなど個性的な意匠が目を引くギリーの最大の特徴は、タンが存在しないこと。スコットランドの伝統舞踏では現在も不可欠な靴で、もともとは同地域の湿地帯で濡れた靴が早く乾くように用いられたデザインといわれる。

とても珍しい、英国製起毛素材のギリーシューズ。「ポロ ラルフローレン」の「リーガル」社製。

牛革（ヌバック）／ブラウン／グッドイヤーウエルテッド製法／リーガルコーポレーション所蔵

レースステイを覆う砂除けキルトつきギリーシューズは、初期「シェットランドフォックス」製。

牛革（揉みキップ）／ブラック／グッドイヤーウエルテッド製法／リーガルコーポレーション所蔵

初期「シェットランドフォックス」の、4アイレットギリーシューズ。白黒のコンビがおしゃれ。

牛革／ブラック＋ホワイト／グッドイヤーウエルテッド製法／リーガルコーポレーション所蔵

〈 ローファー 〉

　靴紐やストラップなしで靴の形状だけで足にフィットさせる「スリッポン」のうち、モカシン縫いと甲のベルト（サドル）が特徴のローファーは1950年代のアメリカで流行。カジュアルシューズの代表格として幅広い世代に愛用される。全体をしっとりと光らせるのがおすすめ。

牛革（カーフ）／ブラウン／グッドイヤーウエルテッド製法

サドルの両サイドの作りは「ビーフロール」と呼ばれる、リーガルローファーの大定番。

牛革（ステア）／ブラック／グッドイヤーウエルテッド製法［REGAL／2177］

これらの靴の通称「コインローファー」は、サドルの切り込みを自販機のコイン投入口に見立て、当時のアメリカの大学生たちがそう呼び始めた。

牛革（グローブ）／ブラック／グッドイヤーウエルテッド製法／リーガルコーポレーション所蔵

〈 タッセルシューズ 〉

甲にタッセル飾りのあるスリッポン。モカシン縫いとタッセルを組み合わせたタッセルスリッポン、モカシン縫いがなくブローギングを施したウイングタッセル、ローファーのサドルの部分にタッセルがついたタッセルローファーなどの種類があり、キルトと呼ばれるフリンジのような飾りがつくタイプもある。

モカシン縫いが履き口までつながっていない、シンプルなタッセルスリッポン。

牛革／ブラック／グッドイヤーウエルテッド製法／リーガルコーポレーション所蔵

「シェットランドフォックス」のリボンタッセル。革を編み込んだレースが特徴的。

リザード／ブラウン／グッドイヤーウエルテッド製法／リーガルコーポレーション所蔵

「リーガル」のイーストコーストコレクションより、80年代のタッセルブームを生んだウイングタッセル。

牛革／ブラック／グッドイヤーウエルテッド製法／リーガルコーポレーション所蔵

〈 ビットモカシン 〉

サドルに馬具であるホースビットの形状をした金属の飾りをつけることで、カジュアルなローファーをちょっと豪華に見せるデザインが特徴。イタリアのブランド、グッチから1953年に登場し、その後、アメリカで流行した。各ブランドからさまざまな飾りの金具とデザインのものが登場している。

HASEGAWA's recommend

ビットローファーといえば「グッチ」。これはホースビットの部分にバンブー（竹）の飾りを用いたシリーズ。金具と竹の異素材を合わせた感じがおもしろく、これを選びました。

牛革（カーフ）／ブラック／マッケイ製法

イタリアの名門タンナー「シャラーダ」社製のスエードを採用したイングリッシュモカのビットローファー。

牛革（スエード）／ブルー／マッケイ製法 [REGAL ／ W830]

〈 コブラヴァンプ 〉

　甲に飾りが一切なくモカシン縫いだけのスリッポンで、モカシン縫いがソールに近い低い位置にあるのが特徴。ヴァンプ（甲）がコブラのように見えるのが名前の由来だ。カジュアルなスリッポンながら、無骨さや重厚感があるとして1950〜60年代にアイビールックとともに流行した。

2011年に発売された「リーガル」日本上陸50周年の記念モデル。1966年に製造された1号リーガルモデルの復刻版。

牛革（ガラスレザー、アンティーク仕上げ）／グレー／ハンドソーンマッケイ製法／リーガルコーポレーション所蔵

70年代初期、手縫いによるエッジのきいたコードヴァンのコブラヴァンプ。「リーガル」社製。

馬皮（コードヴァン）／ブラウン／マッケイ製法／リーガルコーポレーション所蔵

〈 チャッカブーツ 〉

くるぶしまでくらいの丈で鳩目が2〜3対のブーツ。フォーマル感を残したカジュアルシューズとして汎用性が高い。スエード製ではクラークス社のデザートブーツが有名。鳩目が3対で丈の長い軍靴をルーツとするタイプにジョージブーツがあるが、現在は区別しないケースが多い。

HASEGAWA's recommend

私物ではなく、リーガルコーポレーション所蔵のチャッカ。靴好きのあこがれでもあるライトブラウンのコードヴァンをブーツに使うなんて、とても貴重！ 実用性はさておき、ぜいたくな一足です。

馬革（コードヴァン）／ライトブラウン／グッドイヤーウエルテッド製法／リーガルコーポレーション所蔵

ストームウエルトがタフな雰囲気をもつ「VANリーガル」のアメリカ的な一足。

牛革（ガラスレザー）／ブラック／グッドイヤーウエルテッド製法／リーガルコーポレーション所蔵

80年代、アメリカ「ジョンストン＆マーフィー」の3アイレットジョージブーツ。

牛革（キップ）／ブラック／グッドイヤーウエルテッド製法／リーガルコーポレーション所蔵

〈 ジョドファーブーツ 〉

足首にストラップを巻きつけてバックルで留めるタイプのショートブーツ。騎馬部隊の乗馬用ブーツが起源といわれる。ジョッパーブーツと呼ばれることが多い。細身でスタイリッシュなデザインで、乗馬用が起源といえ街履きにも似合う。脱ぎ履きのしづらさからか見る機会はあまりなくなっている。

「ポロ ラルフローレン」オリジナルのジョドファーブーツ。

牛革／ブラック／グッドイヤーウエルテッド製法／リーガルコーポレーション所蔵

70年代に「リーガル」が製造した、メンズショップオリジナルのブーツ。

牛革（アンティーク仕上げ）／ブラウン／グッドイヤーウエルテッド製法／リーガルコーポレーション所蔵

〈 サイドゴアブーツ 〉

紐もストラップもなく、サイドにゴムのマチをつけたアンクル丈からショート丈のブーツ。ブーツの中では特に脱ぎ履きがしやすくフィット感がある。歴史的には礼装用だが、現在ではどちらかというとカジュアル向き。つま先を適度に光らせつつ、全体を濡れたような仕上がりにしたい。

HASEGAWA's recommend

イギリス「エドワード グリーン」の80年代のもの。「シュナイダーブーツ」社が制作したエドワードグリーンなので、かなり貴重です。明るい茶色だったのを、自分で黒く染めて履いています。

牛革（カーフ）／ブラック／グッドイヤーウエルテッド製法

オンにもオフにも履けるシンプルなデザインがサイドゴアの特徴。きめ細かなキップのエイジングを楽しみたい。

牛革（キップ）／ダークブラウン／グッドイヤーウエルテッド製法［シェットランドフォックス／109F］

〈 レースアップブーツ 〉

　靴紐を編み上げるタイプのブーツ。なかでも足首が隠れるくらいの長さのショートブーツで、農場主などが着用していたブローキングが特徴のカントリーブーツや労働用に誕生した頑丈なワークブーツは、現在もその形を引き継ぎながらファッションアイテムとして愛されている。

90年代に「リーガル」が「アランフッサー」ブランドで製造したレースアップブーツ。

牛革（キップ）／ブラウン／グッドイヤーウエルテッド製法／リーガルコーポレーション所蔵

ボリューム感のあるラウンドフォルムが特徴のワークブーツ風デザイン。エンボスレザーはフランスのタンナー製。

牛革（カーフ、エンボスレザー）／ブラック／グッドイヤーウエルテッド製法［シェットランドフォックス／118F］

〈 ボタンナップブーツ 〉

　紐でもストラップでもない、ボタンで開閉するタイプのエレガントなブーツ。上下に違う革を組み合わせたツートンカラーのものが多い。歴史的には紐靴よりも格上の礼装用だったが、大量生産の難しさや、脱ぎ履きのしにくさから、現在はあまり見られなくなってしまった。

アメリカ「ジョンストン＆マーフィー」社製。白いスエードとブラウンキップのコンビに、金のボタンがエレガントな本切羽根仕様のクラシックブーツ。

牛革（スエード＋キップ）／ブラウン／グッドイヤーウエルテッド製法／リーガルコーポレーション所蔵

アメリカ「ブラウン」社に製作を依頼した「リーガル」社のブーツ。乗馬用スラックスの裾を隠すスパッツがセットされている。

牛革（ガラスレザー）／ブラウン／グッドイヤーウエルテッド製法／リーガルコーポレーション所蔵

革靴になる「皮」と「革」

200万年も前から人は、革を利用してきたといわれている。身につけたり日用品に加工したり、革は身近にある頑丈で重宝する材料だったのだろう。現在も靴をはじめ、あらゆる分野に利用される革について、知識を広げていこう。

〈 革の特性 〉

有史以前から現在までの長い年月、人に利用されてきた革は、いまも人の暮らしに欠かせない素材のひとつだ。技術が進歩し多くの人工素材が登場しても、古くからある革の利用がいまなお衰退しないのは、革が独自のさまざまな長所を備えているから。その一番のいいところは、なんといっても素材としての美しさや感触のよさ。また長年使い続けることで増していく独特の風合いも大きな魅力だ。性能面からみても、弾力性や可塑性があるため靴や服飾品として使うほどに体になじみ、加工も容易、強度があり劣化しづらい、正しく使えば長年使える、保温性や吸放湿性、難燃性の高さも革の長所だ。いっぽう、水が染み込む、適切な手入れが必要、天然素材ゆえに品質に安定感がない、種類によっては貴重で非常に高価といった短所もある。

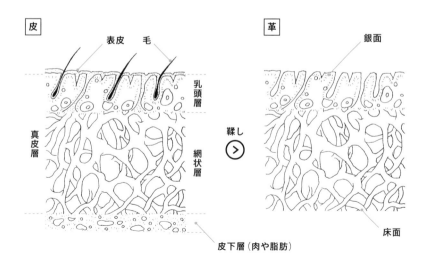

皮

表皮　毛

乳頭層

真皮層

網状層

鞣し

皮下層（肉や脂肪）

革

銀面

床面

〈 革になる動物の種類 〉

ご存じのとおり革は、動物の皮を加工して作られる。その種類には以下のようなものがあり、さまざまな用途に使われる。このうち靴に用いられるものについては、p.138から詳しく解説している。

牛	紳士靴の多くに用いられる。中国、アメリカの生産量が多い
豚	衣服や手袋、靴、バッグなど幅広く使われる。唯一国産で原皮が生産できる
馬	コードヴァンのほか、ホースレザーは革小物などに使われる
鹿	日本では古くから身近な素材として武具や衣類などに使われてきた
羊	いわゆる表革のほか、毛つきのまま鞣したムートンもある
山羊	やわらかく強度があり用途は幅広い。いずれも高級品に使われることが多い
サメ	シャークスキン。バッグや財布、ベルトなどに使われることが多い
エイ	スティングレー。鱗のような粒模様が特徴。こちらも小物に使われることが多い
トカゲ	ミズオオトカゲのほか、いくつかの品種が革として利用される
ヘビ	ニシキヘビの仲間がポピュラー。靴、バッグ、ベルトなどに利用される
ワニ	クロコダイル科とアリゲーター科、それぞれで模様が異なる。養殖技術が発達している
ダチョウ	オーストリッチ。体の皮と脚の皮を利用。ワニと同様人気の素材で養殖も盛ん
カンガルー	原産はオーストラリアのみ。薄さに対し強度が高くスポーツシューズに使われる
ゾウ	厚く堅牢な革でしわが特徴。ワシントン条約の制限があり貴重な革
ほか	ウナギやカバ、アザラシなど。ほかにもさまざまな哺乳類の毛を残した毛皮も皮を鞣して作られる

〈 革ができるまで 〉

動物の原皮はおもに食用肉の副産物として得られ、食肉としての利用が多いほど、原皮の流通量も多くなる。国産豚の場合、出荷された豚は食肉市場で解体され、肉と内臓、皮に分けられる。この皮が原皮商などを通じて鞣し業者（タンナー）のもとへ運ばれ、「鞣し」（p.144）の各工程を経て、ようやく革になる。豚以外の革はほぼすべての種類が、原皮の状態で海外から輸入される。

畜産業者 ＞（家畜） 食肉業者 ＞（原皮） 輸入業社や、問屋、メーカーなど ＞（原皮） タンナー ＞（革） 靴製造業者 ＞（靴）

革の種類と特徴

靴の材料となる革にもいろいろな種類がある。最もポピュラーなのは牛革で、さらに年齢や性別により革の特性は違ってくる。哺乳類のほか、個性がきわ立つエキゾチックレザーなどもあり、革ごとに適した磨きの方法がある。

〈 牛革 〉

靴の材料となる革で最も多く使われているのが牛革。大きな体からは大きな皮が取れ、食肉の消費量と比例して流通量も多い。さらに銀面が整っていて組織が均等、厚みもあり丈夫であるため、靴以外の革製品にも広く使われている。牛の性別や年齢により右表のような原皮の種類があり、若いほどやわらかく繊細な革になる。加工によっても多くのバリエーションが作られている（p.146〜149参照）。高級紳士靴に使われる原皮のほとんどは欧米から輸入され、なかでもヨーロッパ産が品質がよいといわれている。「地生」と呼ばれる国産の牛原皮も数は少ないが、一部に流通している。

[長所] 性別、年齢、鞣しと加工方法などにより作られる革に多様性があり、きめ細やかなボックスカーフから堅牢なオイルドレザーまで表情もさまざま。耐久性があり加工もしやすく、基本の革というべき存在。

[短所] 特になし。

カーフは、高級靴に使われることが多い。

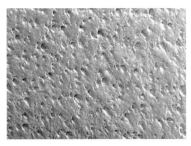
50倍の拡大写真。きめの細かさが分かる。

●原皮のバリエーション

スキン	カーフ	生後6ヵ月までの仔牛（おもに乳牛種のオス）の皮。薄くて軽く、キズが少なくきめと繊維構造が細かいため、手触りのよい革に仕上がる。質のよさ、美しさや流通量の少なさから高価で、靴では高級なものに使われる。なお原皮の重さが25ポンド以下のものを「スキン」と呼ぶ。
	キップ	生後6ヵ月から2年くらいの牛の皮。カーフに近いきめの細かさがあり、繊維の密度が高くなるためカーフよりも厚みがあり、比較的丈夫な革になる。カーフもキップも、上質で高級な皮とされていて、日本以外ではこの2種を区別していないといわれている（いずれもカーフ）。
ハイド	ステア	25ポンド以上の原皮「ハイド」のうち、生後3〜6ヵ月のうちに去勢され（繁殖用でなく食用とするため）、生後2年以上のオスの成牛の皮。スキンに比べてきめ細やかさ、やわらかさには劣るが、厚みも強度もある。一般的な牛革靴に使われているのは、多くがこの革だ。
	カウ	出産を経験した生後2年以上のメスの成牛の皮。出産のため腹部あたりの皮は密度が低いが、ステアよりもきめが細かく、薄くてやわらかい。靴にはあまり使われないが、衣服、バッグ、財布などに幅広く使われている。
	ブル	去勢されずに2年以上成長したオスの成牛の皮。きめが粗くてかたく、分厚く丈夫。オス同士のケンカによるキズも多いためドレスシューズに使われることは少ないが、厚さと丈夫さから、頑丈さが求められるワークブーツやソールには使われる。
ほか	ハラコ	死産や流産した牛の胎児の皮。強度がないため滑らかな毛並みを生かして靴なら装飾的に使われ、小物やインテリア用品にも使われる。数が少なく希少価値がある。
	ヘアカーフ	脱毛処理をせず毛をつけたままの牛の皮。染めたり柄をつけたりして使われることが多い。
	バッファロー	水牛の皮。一般的な牛よりも厚くて丈夫、繊維は粗い。独特のシボが現れるので表情を生かした使い方がされる。

ステアは靴に使う革として最もポピュラー。

カーフに比べてやや目が粗く、厚みもある。

〈 馬革（コードヴァン） 〉

　馬の臀部にある繊維が緻密な部分のみから採れるコードヴァンは希少性の高い革。床面を削った繊維層の起毛を寝かせて作られ、独特の光沢がある。履き込んでいくと表面が毛羽立ってくることがあるため、その場合にはクリーナー使用後、水牛のツノなどを加工したつるつるした丸棒を使って毛羽立ちを押さえてからクリームを塗る。

[長所] きめ細やかで、コードヴァンにしかない独特のつやがある。履きじわの入り方が美しい。磨きが難しいぶん、やりがいがあって楽しい。

[短所] 水が染みやすいためしみになりやすく、履きじわのあたりが毛羽立ちやすい。

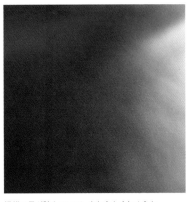

繊維の目が詰んでいて、やわらかくなめらか。

〈 豚革（ピッグスキン） 〉

　輸入に頼ることが大半の原皮において、国内で自給できるのが豚。輸出も行われ、質のよさから海外での評価は高い。繊維が細く緻密に絡まっていて、薄く軽いが摩擦に強く、通気性もいい。肌触りがいいが厚みがとれないことから、靴ではおもにライニングとして使われる。床面を起毛させたピックスエードはアッパーにも用いられる。

[長所] 薄くて丈夫で、張りがある。毛穴の模様に特徴があり、それを見せるための磨きのテクニックもある。

[短所] 柔軟性があまりない。厚みがないので、靴のアッパーに使われることは少ない。

毛が太いため革の全層を毛穴が貫通している。

〈 鹿革（ディアスキン）〉

非常に細い繊維が粗めに絡まっていて、軽くてしなやかな革。油分が抜けにくく、耐久性が高い。小型の鹿から採れるディアスキンのほか、雄鹿の皮を起毛加工したバックスキン、北欧や北米に生息する大型の鹿から採れるエルクレザーなどの種類もある。日本では古くから武具などに使われてきた。銀面がデリケートで強くブラシをかけるとのびやすい。

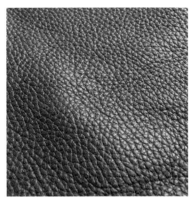

揉み革のような天然のシボ（革表面の細かな凸凹）が特徴。

[長所] 肉厚で柔軟性があり、丈夫で質感もいい。表面に自然に現れるシボの模様が美しい。

[短所] 厚みがあるためやや重い。生産量が少なく高価。銀面がのびやすい。

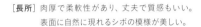

〈 山羊革（ゴートスキン）・羊革（シープスキン）〉

成山羊はゴート、子山羊はキッドと呼ばれ、耐摩耗性に優れたきめ細かな繊維が特徴。毛穴が整っていて表面に独特の凹凸模様が出る。イタリア靴では山羊革をライニングに使うことが多い。羊では成羊をシープ、子羊をラムという。薄くて軽いためダンスシューズに、よく用いられる。羊の毛皮であるムートンも靴によく用いられる。

表面に小さなしわが現れるヤギ革。

[長所] 独特のしわ模様が美しい。山羊は厚くて丈夫、肌触りがよい。羊は軽くて柔軟性が高くフィット感がある。

[短所] 特に羊は表面が弱くデリケート。山羊、羊ともしみがつくと取れにくい。

〈 エキゾチックレザー 〉

　ここまでに紹介した一般的な哺乳類以外の革の総称が、エキゾチックレザー。まず思い浮かぶ爬虫類のほか、魚類や鳥類などの革もある。その多くは、超個性的な表情をもっているのでビジネスやフォーマルな場で履く靴として は不向きではあるものの、表情こそがエキゾチックレザーの大きな魅力。個性を発揮できる靴になる。部分的に使うこともある。動物ごとに革の性質もそれぞれに異なるため、取り扱いや手入れに注意が必要となる。

●クロコダイル

イリエワニ、ナイルワニなどクロコダイル科の大型ワニの革。腹部の四角い「竹斑」と脇腹部の丸い「丸斑」の鱗模様が特徴で、イリエワニは特にこの模様のバランスが美しいとされている。養殖もされていてエキゾチックレザーのなかでは流通量が多い。同じワニ革に、アリーゲーター科のものもある。

●リザード

トカゲの革。東南アジアやアフリカ産のオオトカゲ類の革が一般的。独特の光沢と背中の丸斑模様の美しさが好まれ、東南アジアのミズオオトカゲの革は高級品。爬虫類革にしては派手さがなく、ワニ革よりも落ち着いた印象。

●パイソン

鱗模様と合わせて柄も独特なヘビ革。ニシキヘビ（パイソン）の革がポピュラーで、ダイアモンドパイソン、レッドパイソンなどの種類がある。爬虫類革のなかでも、ひときわ個性的でファッション性が高いが好き嫌いも分かれる。

●オーストリッチ

ダチョウの革。羽根を抜いた後に残る丸い突起模様（クイルマーク）が大きな特徴。丈夫で柔軟性があり、靴のほかバッグも人気がある。使い込んでいくとつやが増すのも魅力のひとつ。脚部の革もあり「オーストリッチレッグ」と呼ばれる。

●シャーク

サメの革。おろし金にも使われるかたい鱗を削り落とした跡に出る、深い網目模様が特徴で摩耗性に優れる。おもに小型のヨシキリザメが革に多く使われる。日本では武具などにも古くから使われてきた。

●スティングレイ

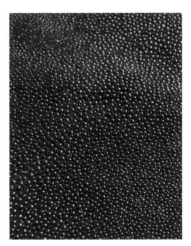

アカエイの革。ガルーシャとも呼ばれる。表皮の下から現れる小さな粒状の鱗と、鱗がもつ美しい光沢が大きな特徴。石のような鱗のためキズに強いが、そのかたさから靴への加工性はあまり高くない。

皮が革になるまで

生き物の一部である皮を、ずっと長持ちする革にするために欠かせないのが「鞣し」の技術。その発祥は、旧石器時代にまで遡るといわれ、技術の発展とともに、でき上がる革のバリエーションも豊富になってきた。

〈 鞣しとは 〉

　動物の皮は生のままでは腐敗し、そのまま乾燥させただけではカチカチにかたまってしまう。動物の体からはがした原皮から毛や脂肪を取り除き、製品として使えるよう、乾燥してもやわらかい革にするために行う処理を「鞣し」という。皮のおもな組織であるコラーゲン繊維に化学処理を施すことで、熱や光、微生物などに対する安定化を図り、柔軟性や耐久性を高めるなどの役割がある。皮を変質させる鞣しの方法は、鞣し剤の種類によって下表の3つの方法が現在の主流となっている。その作業工程は、鞣しを行う前の(1)下準備(洗浄や下地の調整など)、(2)鞣し(薬剤による処理や整形、着色など)、(3)仕上げ(塗装など表面加工など)の3つに大きく分けられる。

●鞣しの種類と特徴

タンニン鞣し	植物の渋(タンニン)を用いる古くからある手法。タンニン液に皮を漬け込むとコラーゲンとタンニンの成分が結合して組織が安定し、皮がやわらかくなる。1〜3ヵ月漬け込むなど時間と手間がかかるが、自然な風合いの革に仕上がる。堅牢性、耐摩耗性に非常に優れるが、変形やタンニンの変色による経年変化が起こるという欠点も。靴ではおもに底材に使われる。
クロム鞣し	クロム化合物を用いる近代的な手法。短時間で大量に生産でき、現代の革の多くはこの方法で作られる。コラーゲンとクロムの結合の仕方の違いで、タンニン鞣しよりも柔軟性、伸縮性、弾力性に優れた革になる。安定性が高く、着色の発色もいいため用途が幅広い。靴ではおもにアッパーに使われる。
混合鞣し	上記のふたつの手法を両方行う鞣し方で、コンビ鞣しとも呼ばれる。それぞれの長所をバランスよくもつ。昨今、環境に配慮し脱クロムの風潮などもあり、これからの主流となる手法のひとつ。

〈 鞣しの工程 〉

❶ 原皮〜水洗い

動物からはいだ皮は塩蔵などの防腐処理をされ、鞣し業者（タンナー）のもとへ届く。塩分やゴミ、汚物などを取り除くため、大きなドラムの中で大量の水で水洗い、水を交換して水浸けする。原皮に水分が浸透し、新鮮な皮の状態に戻る。

❷ 裏打ち〜脱毛・脱灰〜酵解

皮の内側（肉面）についている皮下組織を除去する工程が裏打ち（フレッシング）。その後、石灰に漬け、不要な毛や脂肪を分解除去してから、石灰分を取り除く脱灰、酵素を用いて銀面を整える酵解を行い、鞣しに適した状態を作る。

❸ クロム鞣し

下処理をした原皮をクロムの薬剤（塩基性硫酸クロム鞣剤）が入った大きなドラムに入れ、回転させながら浸透させる。ここでクロムとコラーゲンが結合して皮が革になる。

❹ 水絞り〜シェービング

余分な水けをローラーで絞ったあと、革の内側を再び削って用途に応じた厚みに整える。続いて染色の下準備として、酸性に傾いた革を中和させる。用途に応じてここで再鞣しなどが行われることもある。

❺ 染色〜加脂

クロム剤により青白くなった革に染料で色づけをする染色、革に再び油脂分を含ませて柔軟性や耐水性を向上させ、光沢を与える加脂を行ったのち、機械でしわをのばす。

❻ 乾燥・整え

自然乾燥または人工乾燥で乾かしながら寝かせ、染料や加脂剤を定着させる。乾燥後、再び水を含ませ、乾燥でかたくなった繊維をもみほぐし柔軟性を与え、風合いを調整するバイブレーション工程を行う。

❼ 塗装〜表面仕上げ

用途に応じ、革の表面に塗料による塗装や型押し、アイロンによるつや出しなどを行う。仕上げの種類はさまざまあり、革にいろいろな表情を作り出せる。

❽ 計量〜出荷

革の面積を測る計量、検品、梱包をしたら製品として出荷される。

〈 革のバリエーション 〉

　鞣しや着色など、皮を革へと加工する処理のうち、表面に施される仕上げ加工でも、革本来の表情に加えて革にさまざまなバリエーションを作り出せる。同じ牛革を使った靴でも滑らかさや光沢、模様が違ったりするのは、個体差もあるが、仕上げ加工の違いによるところが大きい。色や柄をつけたり起毛させたり、撥水などの機能をもたせたりすることができる。加工の違いによりメンテナンスの方法が異なるケースもあり、自分の靴の革の加工、仕上げ方を知ることは靴磨きをするうえでも大切だ。

●銀面を見せる革

革の銀面（表側）を表面に用いる革。革本来の表情を見せるほか、表面に塗装や加工が施されることで、違った持ち味の革ができ上がる。その代表格を紹介する。

スムースレザー

表面が滑らかな革の総称で、一般には表面に塗装や型押しなどの加工がされていない銀つき革（フルグレインレザー）を指すことが多い。紳士靴の素材として最もポピュラーで、革の風合いをそのまま味わうことができる。

ガラスレザー（ガラス張り革）

表面にガラスのような平滑さとつやを与える仕上げ。ガラスやホウロウの板に貼りつけて乾燥させてから表面を平らに削り、樹脂や塗料でコーティングする。ケアの際はクリームが浸透しないので使用しない。表面の仕上げ剤がひび割れてきてしまったらクリームでケアをする。雨の日用にも適する。

オイルドレザー

鞣しの工程で通常よりも多くのオイルを染み込ませる仕上げ。しなやかさとしっとりとした質感が特徴。撥水性をもたせることができ、キズにも強いため、ワークブーツやアウトドアシューズなどに使われることが多い。

パテントレザー（エナメル）

クロム鞣しのあと、表面を樹脂などでコーティングした強い光沢のある仕上げ。水や汚れに強く、日常の手入れは乾拭きだけと簡単なものの、亀裂が入りやすい、コーティングが溶解することがあるといった欠点も。汚れが目立つときは水拭き後、乾拭きする。

シュリンクレザー（シボ革）

薬品を使ったり熱を加えたりして、革を人工的に収縮させ、表面にシボを出す仕上げ。革の状態によってシボの出方が異なり、美しい仕上がりには高い技術が必要。キズが目立ちにくいという利点も。

エンボスレザー（型押し革）

革の表面に型を押しつけて模様をつける加工。シュリンク加工と違い、ガラスレザーやパテントレザーにも施せる。エキゾチックレザーに似せた鱗模様や幾何学模様など、さまざまな模様を作ることができる。

●起毛させた革 革の表面を毛羽立たせる加工で、革の種類や加工法によりいくつかの種類がある。あたたかみのある風合いで、感触もいい。銀面のある革とは違った手入れが必要だが、意外に丈夫で雨濡れにも強い。

スエード

革の床面（裏側）を起毛させ、毛足を整えた面を表として使用する革。原皮には牛、豚、山羊、羊などを用いる。やわらかな感触だが意外と丈夫で、若干の撥水性もある。毛足が長めのものをベロアと呼ぶこともある。手入れの仕方は、p.90へ。

ヌバック

床面を起毛させるスエードと違い、銀面を削って起毛させたもの。牛革を使うことが多い。平滑な銀面に加工を施すため、毛足はごく短く、きめが細かい。さらっとした感触。手入れの仕方はスエードと同様。

バックスキン

本来は雄鹿（バック）の革全般のことだが、現在は銀面を削って起毛させた革を指すことが多い。銀面を削るのは体表にキズが多いためだ。貴重な革であるため、これに似た加工としてヌバック（新しいバックスキンの意味）が登場した。

●特殊な仕上げの革

これらの仕上げは、靴を作ったあとに表情や風合いを与えるために施される加工で、メーカーごとに独自の手法がある。プロに依頼すれば、靴を購入したあとイメージチェンジのために施すこともできる。

アンティーク仕上げ

染料などを用いて長年使い込んだような風合いを出した仕上げ。つま先とかかとの色を濃くしたり、全体をムラのある色にするなどのテクニックがある。つま先とかかとを濃くするのは、ワントーン濃い色のワックスを使って自分で行うこともできる。

ブリーチ仕上げ

イギリスの「フォスター＆サン」が得意とする仕上げで、上とは逆につま先とかかとの色を薄く脱色する。イギリスでは靴磨きで無色のクリームを使うのが一般的で、補色を行わないために履き込むとつま先、かかとの色が薄くなる。それを新品で再現したスタイル。

靴にはトラブルが必ず起こる。雨に濡れてしみができたり、梅雨時にカビが生えたり、古くなってひび割れたり、手入れをせずに放っておけば劣化もする。これらは天然素材である革の宿命で、いくら注意をしていても避けきれない現象もある。こうしたトラブルに見舞われたら、どう対応したらいいか？ 実はほとんどのケースは、自分で予防、または処置をすることができる。それでもダメならプロの力を借りればいい。まずはよくあるトラブルがなぜ起きるのか、その原因を探るところから始めてみよう。

革靴のトラブルカルテ集

5

靴のトラブルは
こうして起きる、こうして直す

全体重がかかり、地面に近いところで酷使される靴。長く履いているとトラブル
が起きてしまうのも仕方ないといえる。革靴に起こりやすいトラブルについて、
その原因を元・都立皮革技術センター所長の宝山大喜さんとともに掘り下げな
がら、自分でできる対策を考えていこう。

〈 よくある革靴のトラブル 〉

　店頭にはトラブルが発生した靴が日々
たくさん持ち込まれる。厳密に統計を
取っているわけではないのだが、体感
的に多いものは以下の10点だ。

1. しみができてしまった
2. クレーターができてしまった
3. 塩をふいたようになってしまった
4. 靴を脱いだときに足と靴が臭う
5. カビが生えてしまった
6. 革がひび割れてしまった
7. 靴から変な音が鳴る
8. 色あせてしまった
9. 型崩れがひどい、
　　履きじわがきれいに入らない
10. 靴ずれしてしまう

1〜7についてはなぜそのトラブルが起きるのか、原因を知ることで予防策が取
りやすいと考え、次ページからカルテ形式で紹介することにした。また、8はすで
に紹介した方法で手入れすることでかなり改善できる。9の履きじわは対処は難
しいが、冒頭の検証テストで見たように日々の手入れでしわの入り方に影響が出
るので、新品をおろすときからケアを忘れないでほしい。10の靴ずれについては、
万人向けの対処法を示すのが難しいが、足に当たって痛い場所をのばしてくれる
サービスもある。販売店に相談してみよう。

No. 1 しみ（水／油）

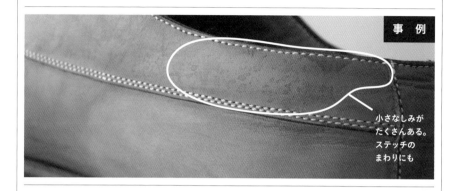

小さなしみが
たくさんある。
ステッチの
まわりにも

| 原　因 | 革靴にできるしみのほとんどは、靴に付着し革の内部に入り込んだ水や油に、汚れや染料・加脂剤が溶け込んで移動して、ムラに見えてしまうことが原因。事例写真は雨で靴を濡らしてしまった水しみだ。 |

ほかに、水や油などの外部要因がなくても、靴の製造工程で使われた接着剤に含まれる有機溶剤が過剰に残っていたために、染料や加脂剤を移動させてしまったということも考えられる。

| 対　策 | 靴の接着剤によるしみについては購入後の対策は難しいが、水しみができてしまった場合なら自宅でケアすることができる。クリーナーで古いクリームやワックスを除去したあと、しみ部分に、おしぼり程度に濡らした雑巾などで水分を含ませていく。水分でしみをゆるめるのだ。少し乾かしてまだしみが消えていない場合はもう一度繰り返す。乾燥させる際は、必ずシューキーパーを入れておく。 |

完全に乾いたらp.44〜のケアを行う。起毛革の靴の場合も同様に水でしみをゆるめたのち、p.90〜のケアを。しみが広範囲にわたるときにはサドルソープ（p.41）を使っても落とせる。
上記は「水しみ」の対処方法。油分があるものでできる「油しみ」も同様の原理で対処できるが、油しみをゆるめるには有機溶剤などを用いるため、プロに委ねるのがいいだろう。

No.
2　　クレーター

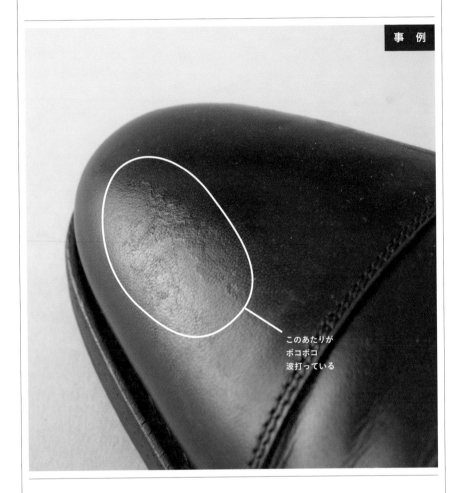

このあたりが
ボコボコ
波打っている

| 原　因 | クレーターは、雨で靴が濡れてしまったあとなどに起きる。革の真皮層（p.136）に水分が入り込むと、上部の乳頭層（銀面）と網状層（床面）の間にひずみが発生し、 |

革の表面は凸凹が浮き上がっているように見える。この状態のまま乾燥させてしまうとクレーターが発生するのだ。革は鞣しの際、湿潤仕上げの工程のあとに、乾燥工程を踏む。この最終段階

で、革を平らに仕上げるために、ピンとテンションをかけて引っ張って乾かしている。動物の皮の繊維は密度が均一ではないが、この乾燥の段階で無理やり均一に引きのばされる。そのため革が水に濡れると、もとの繊維の密度に戻ろうと縮まる部分が出てくる。このときに前記のひずみが生じ、凸凹と波打った状態に変形してしまうのだ。

ちなみに一歩引いて革を見てみると、

革の繊維の粗さは部位によっても異なる。たとえばほとんどの哺乳類の場合、日常的に伸縮しているベリー（腹部）やネック（首部）のあたりの革は繊維が粗く、のびやすい。反対にバット（尻部）やショルダー（肩部）などの部位は繊維が緻密で、のびにくい。耐久性に優れているため、つま先部分に使われるのはバット部の革が多い。

対策 革が濡れることにより繊維が膨らみ、その後の乾燥で（乳頭層と網状層の）繊維密度の差により銀面に凸凹が生じる。このことがクレーターの原因と考えられる。そのため革の内部に入り込んだ水分を均等にしてから、形を整えて乾燥させるとクレーターは目立たなくできる。

まずはクリーナーで汚れを除去したあと、お湯でしっかり濡らした雑巾などを使って、クレーターの周囲に水分を含ませる。その後、水牛ツノなど丸い棒状のものを使って革の表面の凸凹をならしていく。このときはあまり力まないように注意する。凸凹をならすことができたら、風通しのいい場所でしっかり乾燥させる。必ずシューキーパ

ーを入れておくこと。乾燥させたのち、p.44〜のケアを行う。

僕ら靴磨き職人にとって、クレーターは天敵である。というのも、クレーターができてしまった靴に鏡面磨きをほどこすと、より凸凹が目立ってきてしまうのだ。お客様から靴を預かりその場で磨くカウンター磨きの際には時間の制限もあるためここで紹介した対策が取れないことが多く、泣く泣く"しっとり仕上げ"にして、クレーターを目立たないように磨きをかける。ただ正直、消化不良感が強く残り、とても歯痒い。クレーターができてしまったら水を使ったケアをしない限りずっと残ったままなので、ぜひとも最高の輝きのためにも手入れをしてみてほしい。

No.
3
スピュー（塩／脂）

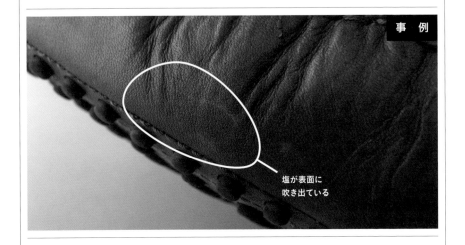

塩が表面に
吹き出ている

| 原　因 | 革の表面に析出した白色の粉を「スピュー（英Spew, Spue）」という。スピューの成分は塩または脂肪のいずれか。靴に発生しやすいソルトスピューは、靴が雨などで濡れ、革の内部に浸透した水分が蒸発する際に、革中に存在する塩を表面に運んできて、それが乾燥したときにスピューとなって出てくるもので |

ある。革中に存在する塩とは、鞣し工程で使用された薬品の残り（染料などに含まれている塩類や、酸を中和するときに使われるアルカリとの反応で生成した中性塩）や足の汗など。もうひとつの脂肪によるファットスピューは、原皮や加脂剤に含まれる遊離脂肪酸が、冬期などの融点下に白い結晶として現れるものだ。

| 対　策 | ソルトスピューは、水に浸してかたくしぼった雑巾などで拭けば、簡単に取り除くことができる。ただし、革の内部に塩が多く存在していれば水に濡れると再び発 |

生するため、完全に防ぐことは難しい。革に防水性を付与し、水の浸透を避けることで予防はできる。ファットスピューは温めれば消えるが、革中に脂肪が残っている限り再発は免れない。

No.
4　　臭い

特に夏場は足と靴の臭いが気になる。

原　因　もともとの革のもつ臭いはおいておくとして、足の臭いの原因は汗にあるようだ。足の裏は、背中や胸などに比べ、5〜10倍の汗腺（エクリン腺）があり、とても汗をかきやすい場所。1日でかく量は大体コップ1杯ほど。汗自体は約99％が水で、そのほかに塩化ナトリウム、カリウム、カルシウム、乳酸、アミノ酸などが含まれるが、それだけで臭うことはない。汗が皮脂や皮膚と混ざり、皮膚の表面にいる常在菌「コリネバクテリウム属」が汗の成分を分解すると、「イソ吉草酸（イソキッソウサン）」という脂肪酸を生成する。これが臭いのおもな原因である。男性のほうが女性よりも汗腺が多い傾向にあるため、足の臭いで悩む人も多い。

対　策　靴の中の温度や湿度が上がると、足の汗の量も増えるため、特に夏場は臭い対策を万全にしたい。
汗を止めたり、皮膚の常在菌を除去したりというのは現実的に難しいので、イソ吉草酸などが発生しないような環境づくりを心がけるのが一番の解決方法。靴の中を蒸れないようにするには、靴の中材の素材に注目してみるのもいい。ライニングやインソールに、吸放湿性の優れた天然皮革を用いているものを選ぶのは有効。1日履いたら靴をよく乾燥させるという基本ルールを守ることも大切だ。また、足用の消臭スプレーやクリームを使ってみたり、蒸れにくい5本指やウールのソックスを履いてみたりするのも有効だろう。

No.
5

カビ

事例

つま先にうっすらと
生えたカビ

| 原　因 | カビは気温（25〜30℃）、湿度（80%以上）、栄養分（ほこりや汚れなど。有機物）の3つの要因が揃ったときに繁殖する。日本の温帯性気候は温度と湿度が揃ったカビにとって理想的な環境であり、履いていれば必ず靴に付着する汗や汚れ、靴磨きに欠かせないクリームは、カビの栄養になってしまう。

また、最近の住宅は気密性・断熱性が高く、ほとんどの家庭にエアコンなどの暖房器具が導入されているため、一

年を通じて室内の温度が保たれるようになり、冬でもカビが発生する。そして、カビの胞子は空気中のいたるところに漂っている。

そもそも革には、有機物が多く含まれており、吸湿性を備えた素材なのでカビが生えやすいといえる。

革の鞣し方によってカビの生えやすさに差が出ることも考えられる。鉱物鞣し（クロム鞣しなど）やアルデヒド鞣し（ホルマリン鞣し、グルタルアルデヒド鞣しなど）の化学薬品を使って鞣されたものよりも、植物タンニン鞣しなど天然素材由来のものを使って鞣された革のほうが、有機物を多く含むぶんカビは生えやすいと推測される。

ただし、鞣し剤のほかに革には加脂剤も添加されているし、仕上げにも多種の薬品が使われているため、一概に鞣し剤のみの影響とは断言はできない。動物種によってその革のカビが生えやすさについては、あまり差はない。

対策 まず、革の表面に生えたカビ菌糸を馬毛ブラシではらう。ただし、カビは表面だけでなく、革内部にまで入り込んでいることも。ここに入り込んだ菌糸や胞子は、革の表面をはらっただけでは取り除くことができないので、再度カビが繁殖してしまう可能性がある。そこで消毒、除菌剤を使うことをおすすめしている。ブラシでカビをはらったあと、消毒、除菌剤をスプレーして靴を拭く。カビが生えている部分だけでなく、内部や靴底も拭いておく。風通しのいい場所でしっかり乾燥させたのち、p.44〜のケアを行う。起毛革の靴の場合も、消毒、除菌をしてp.90〜のケアを行う。

消毒、除菌剤でポピュラーなのはアルコールだが、アルコールを大量に使うと革の仕上げの膜や染料、加脂剤への影響が出てくることもお忘れなく。僕の店ではポリヘキサメチレンビグアナイドという抗菌作用をもつ有機化合物を配合した除菌防カビ剤を使っている。アルコールを含まないので革へのダメージが少ない。

そして、カビの発生を抑える環境づくりも大切である。温度、湿度、栄養のいずれが欠けてもカビは繁殖しない。とはいえ温度のコントロールは難しく、汚れ（栄養分）をこまめに落としても、再びクリームが栄養となってしまう。家庭内で最もコントロールしやすいのは湿度なので、靴は汗や雨を乾かしてから保管する、下駄箱は定期的に開けるようにして風通しをよくする、湿気を吸収する木製シューツリーを使う、湿気取り剤を設置するなどの対策をしよう。

No.
6

ひび割れ

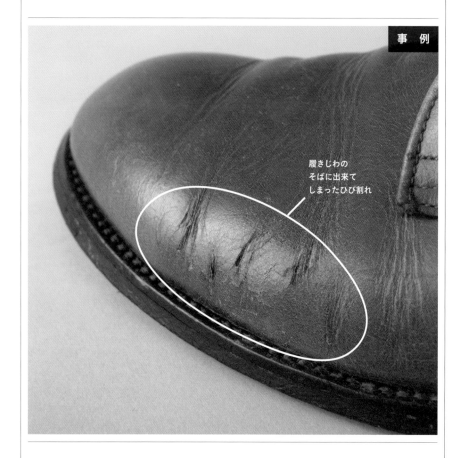

事例

履きじわの
そばに出来て
しまったひび割れ

| 原 因 | 革のひび割れは、革内部の水分・脂肪含有量、手入れ剤を含む外部からの薬品などが関係していると考えられている。そのなかでも脂肪分の及ぼす影響が大きい。そもそも革は鞣しの工程で原皮から脂肪分を抜いたあと、革にしなやかさややわらかさを与えるために加脂剤が加えられる。その加脂剤は革中に残留している。
白井邦郎らの「皮および革中の脂肪分に関する研究」では、革の内部の脂肪の量（鞣し工程で加えられた、加脂剤の脂肪分）によって、革のもつ性質は変化す |

ると述べられている[1-5]。革に加脂剤を加えていき、脂肪分が多くなれば革の柔軟性は大きくなるが、いっぽうでコシや弾力性は小さくなる。また、革の強度については脂肪分が6％程度のときがもっとも大きく、あまりに脂肪分が多いと逆に強度が下がるなど、脂肪分と革の機械的な強さに関しての報告がある。

この革の脂肪分は、時間の経過とともに、酸化が進んで減少する。そのため革の強度というのはなにも手入れをしないとだんだん落ちていき、ひび割れが発生しやすい状態になってしまう。

また、鞣しにクロムを用いている場合には、次のようなことが考えられる。

一般的なクロム鞣しの革の場合、そのpHは3.5以下の弱酸性である。それに対し、人間の汗は通常弱酸性〜弱ア

ルカリ性だ（JIS規格に定められている人工汗［正常な状態でかく汗を想定したもの］pHは酸性汗の場合5.5、アルカリ汗では8.0である）。つまり汗の影響で、革の中のpHは上がる。そうして塩基度が高くなりすぎると、革に結合していたクロムが取れて、沈殿してしまう（脱クロム）。クロム鞣しにおいて、クロムはさまざまな状態でコラーゲン線維をつなぎ合わせ、強化している。脱クロム化が進むと、革は「鞣しが不十分」な状態になり、かたくて脆い、ひび割れしやすい状態になってしまう。

1.白井、岡村：皮革科学、17,2(1971)／2.白井、岡村：皮革科学、17,4(1972)／3.白井、岡村：皮革科学、18,1(1972)／4.白井、岡村：皮革科学、19,1(1971)／5.「総合皮革科学」p.198～(2005)

対 策

革の強度を保つには、特に脂肪分が大事だということが分かる。経年によって革中の脂肪分が減少していくのは避けられないので、日々の手入れで革に脂肪分（クリーム）を加えていくのが大切。

そして、脱クロムが起きてしまうとクロムを革に再結合するのは難しいので、塩ふきや足の臭いのところでも述べたような、汗対策も重要なのが分かる。

ひび割れに関しては自宅で完璧に補修するのはなかなか難しいが、僕の店でもひび割れの補修メニューがある。ほかに、靴の内側から1mm厚くらいの革パッチを貼って少し厚みを出し、履きじわがさらに深くならないようにする方法もある。また、ひび割れ箇所に上から別革を当てておしゃれに補修できるチャールズパッチという方法もある。チャールズ皇太子はこの方法で靴を大切に長く履いているそうだ。

No.
7 音鳴り

歩くたびに靴がギュッギュッと鳴る。

原因と対策

グッドイヤーウエルテッド製法で底づけをされた靴は、糸でアッパーとソールを留めてあり、弱めの接着剤が使われている。全面がべったりと接着されているわけではないため、履いているうちに素材同士が擦り合わされて音が出ることが多い。おろしたてのときに音が鳴ることが多いが、履いているうちに気にならなくなる。この製法で作られた靴は高級品であることが多かったために、靴が鳴るのもステイタスとして見られていた時代もあった。

底部に入っているかたいプレート状のシャンク（p.103）が周囲のコルクなどの素材とこすれて音が鳴る「シャンク鳴り」が原因のことも考えられる。その場合はソールを交換ということになるが、プロに修理を依頼することになる（p.165）し、費用もそこそこかかってしまう。靴の音鳴りはプロでもなかなか原因の特定が難しいというのが本音である。

〈 皮革のことがさらに知りたくなったら… 〉

書籍『皮革ハンドブック』
日本皮革技術協会・編
（2005年／樹芸書房／定価8,000円＋税）

革靴だけでなく、広く皮革製品の知識を取り扱った一冊。現在は版元にも在庫がなく、再販が待たれる。どうしても中を見たいという方は国会図書館か、お住まいの地域の都道府県の中央図書館にも所蔵されているかもしれない。

WEB「皮革用語辞典」
http://dictionary.jlia.or.jp/index.php

日本皮革産業連合会が作った、皮革についての基本用語を分かりやすく解説したWEB版の辞書。スマホアプリもリリースされている。

雑誌「かわとはきもの」
東京都立皮革技術センター台東支所発行

靴を中心とした、技術、ファッション、海外情報が満載の専門誌。都立皮革センターで配布されているほか、HPでバックナンバーを閲覧することが可能だ。

〈 トラブルを未然に防ぐ、
お出かけ時＆保管の際の注意ポイント 〉

　この章で取り上げたトラブルを防ぐには、日々のちょっとした心がけが非常に重要であることがお分かりいただけたのではないだろうか。前著でも紹介したが、ここでもう一度、お出かけ時と保管の際のチェックポイントをおさらいしておこう。

●お出かけ前

・**靴べらを使う**
　かかとを踏んづけたり変形させたりしないよう、必ず靴べらを使う。外出先で靴を脱ぎ履きするのに備え、靴べらを携帯するのもおすすめ。

・**1日履いたら2日は履かずに乾燥させる**
　1日履いた靴は汗で湿っている。革が吸収した汗が乾くまでに2日はかかるとされている。乾燥が不十分のまま履き続けるのは、カビや悪臭の原因

になる。毎日革靴を履く人なら、3足をローテーションするのが望ましい。

・**雨の日は革底の靴は履かない**
　雨が染みて不快なのはもちろん、ずぶ濡れになってしまうとしみやクレーター、カビの原因になる。雨の日にはゴム底の靴を履くことをおすすめする。なお、アッパーはガラス張りレザーを選ぶことで雨しみはある程度避けられる。

●お出かけ後

・**靴紐をほどいて脱ぐ**
　紐をほどかず無理に脱ぐのは、靴を変形させてしまう。必ず毎回、靴紐をほどいてから脱ぐことを習慣づけたい。また、脱ぎ履きしやすいように紐をゆるめて履いていると本来の履き心地が得られないし、靴の中で足がムダに動き、靴を傷める要因になる。

・**馬毛ブラシでその日のほこりははらっておく**
　毎日はらえば、靴にたまるほこりは1日分。これをサボれば、靴にはほこりが積み重なっていき、見た目に悪いだけでなく、カビの栄養源にもなる。

p.50の方法で、履くたびにブラッシングをすることが望ましい。またほこりは革の表面の油分を少しずつ奪っていくことも。表皮の乾燥を防ぐためにもはらっておきたい。

・**ひと晩置いてからシューツリーを入れる**
　シューツリーは靴の履きじわ、ソールの反り返りを防ぐための必須アイテム。ただ帰ってすぐに入れてしまうと靴の湿気が抜けないので、できれば風通しのいい場所で（靴箱などは避ける）ひと晩乾燥させてから使用する。木製なら残った湿気を吸ってくれるのでベター。

●保管にまつわるQ&A

Q1　**靴は買ったときに入っている靴箱にしまったほうがいい？　布の袋がついていることもありますが、布の袋に入れ、さらに箱に入れるのでしょうか。**
A1　靴を箱にしまいっぱなしにすると、空気が滞留しカビやゴム部分の加水分解の原因にもなる。できれば布の袋に入れるか、箱などにしまわずそのまま靴棚に置いておくのがベター。もしやむを得ず箱で保管する場合は、吸湿剤をひとつ入れ、かつ靴箱のまわりに穴を一周開けておくと空気が通るのでおすすめだ。

Q2　**長期保管時、シューツリーは入れておく？**
A2　スーツでいうところのハンガーの役割をするといえるので、シューツリーは入れっぱなしでかまわない。常に形状を保つために入れたままで保管するのがおすすめ。半年以上の保管になる場合には、半年に一度はシューツリーを抜いて空気を通してから再びしまうと安心だ。

〈 修理に出す目安 〉

　細かなキズはワックスで隠せるし、カビやしみの除去などの手入れは自分でもできるが、お気に入りの靴を履き続けているといずれ補修が必要になってくる。このページではそのタイミングについて説明する。革靴は、パーツを交換して補修しながら、長く履き続けることができるのがいいところなのだ。

●かかと

イラストの「トップリフト」までのすり減りであれば、このパーツのみを交換することが可能だ。その上のヒールリフトまで減ってしまうと、素材を足したりしての修理になるか、ヒールを丸ごと交換しなければいけないので補修には費用がかかる。また革底靴ですべりが気になる場合は、トップリフトをゴム製に変えるなど、機能性をプラスすることもできる。

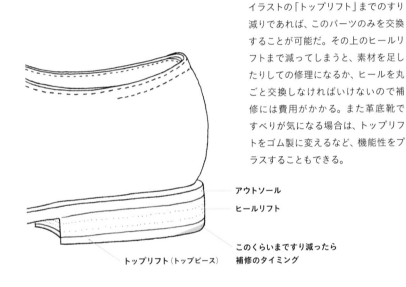

アウトソール

ヒールリフト

このくらいまですり減ったら
補修のタイミング

トップリフト（トップピース）

●ライニング

内側のパーツで傷みやすいのがライニング。特にかかとやつま先の小指側などに穴が開きやすい。穴の開いた部分には、新しい革を貼って補修することができる。

ライニング

このように穴が開いたら
補修のタイミング

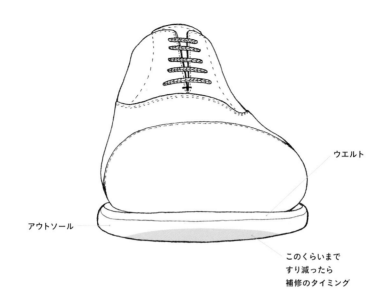

ウエルト

アウトソール

このくらいまで
すり減ったら
補修のタイミング

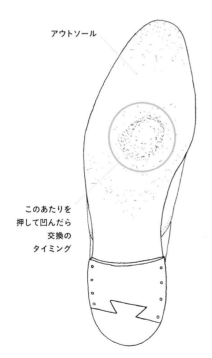

アウトソール

このあたりを
押して凹んだら
交換の
タイミング

つま先部分は、すり減りがウエルトまで達する前に補修をする。つま先部分のみに革やラバーを貼ったり、金属で補強したりといったことができる。

ソールは、革製のものや凹凸のないゴム製の場合、一番減りやすいソール中央部（イラストの円で囲った部分）を手で押してみて凹んだり、ここに穴が開いてしまったりしたら、アウトソールを丸ごと交換する。アウトソールを何度も張り替えていくと、グッドイヤーウエルテッド製法やブラックラピド製法など、ウエルトにアウトソールが出し縫いされている靴は、ウエルトにも負荷がかかってボロボロになってしまうことも。ウエルトの交換はメーカーやリペア専門店でできるが、その際には追加料金がかかる。数回丸ごとソール交換をしたら、ウエルトの交換も必須になるというのは頭に入れておこう。

索引
(＋関連用語)

さ行

シェル【shell】

皮革の部位の名称で、お尻の中心部分のこと。コードヴァンはこの部分から取れる。

ショルダー【shoulder】

革の部位の名称で、首から前足の付け根までの部分のこと。

しんぴ【真皮】

表皮と皮下組織の間にあり、乳頭層と網状層から構成される。皮のメインパートで、コラーゲン繊維の3次元的な構造。

スコッチグレイン【scotch grain】

小石をばらまいたような型押し仕上げをした牛革のこと。

た行

ダービー【derby】

外羽根式の短靴のこと。

ちすじ【血筋】

革になってから銀面に現れる血管の跡。

デシ【ds】
皮革に用いられている面積の単位。デシ（desi）は「10分の1」を表す。1デシは10センチ平方。

テレピンゆ【―油】 →p.60

トゥ【toe】 →p.102

とこめん【床面】 →p.136

トップライン【top line】 →p.102

トップリフト【top-lift】 →p.103

ドレスシューズ【dress shoes】
ドレスアップした盛装にマッチする靴の総称だが、広義に使われていてスーツに合わせる靴も含まれている。

な行

なかじき【中敷き】 →p.103

なかぞこ【中底】

インソール →p.103

なかもの【中物】 →p.103

なめし【鞣し】 →p.144

におい【臭い】 →p.157

にくめん【肉面】
革の銀面に対して裏側の面。つまり肉に接していた面のこと。

にしむらかつぞう【西村勝三】
日本の靴産業の創始者といえる人物。1836～1907年。1870年に日本初の製靴会社「伊勢勝造靴場」を設立。その系譜は「リーガルコーポレーション」に受け継がれている。

にゅうとうそう【乳頭層】
真皮を2層に分け、表側を乳頭層という。
図→p.136

ヌバック【nubuck】 →p.148

ぬめがわ【純革】
おもに植物タンニンで鞣された革で、染色や塗装仕上げをせず、タンニンの色を反映したベージュになる。

ノーザンプトン【Northampton】
イギリスの有名な靴の産地。クロケットアンドジョーンズ、チャーチ、トリッカー

ズなどもここで誕生。

ノルウィージャンウエルテッドせいほう
【―製法/Norwegian welted process】
→p.108

は行

パイソン【python】 →p.143

ハイド【hide】 →p.139

ばかく【馬革】 →p.140

はきぐち【履き口】

トップライン →p.102

バックスキン【buckskin】 →p.148

バックル【buckle】
締め金具のこと。

バット【butt】
皮革の部位の名称で、背中から尻にかけての部分。

バッファロー【buffalo】 →p.139

パテントレザー【patent leather】→p.147

はとめ【鳩目】

アイレット →p.102

はね【羽根】

レースステイ →p.102

バフ【buff】
こすって革の表面を起毛させること。

ハラコ【腹子/unborn calf】 →p.139

ハンドソーンウエルテッドせいほう
【―製法/handsewn welted process】
→p.106

ハンドラップ【hand lap】 →p.38

ビーズワックス【bee's wax】 →p.60

ヒールリフト【heel lift】 →p.103

ビスポーク【bespoke】
イギリス英語で「誂え」つまりオーダー。カスタムメイドと同意味。

ビットモカシン【bit loafer】 →p.129

ビブラムソール【Vibrum sole】
イタリアのソールメーカー、「ビブラム」社が開発したゴム製のアウトソール。

ひょうひ【表皮】
原皮の一番外側の層状の細胞組織のこ

と。鞣し前の「石灰漬け」の工程で毛とともに除去される。

ベリー【belly】
皮革の部位の名称で、腹の部分のこと。
ベンズ【bend】
皮革の部位の名称のひとつ。肩、脇腹、腹、頭の部分を取り除いて残った部分。
ボックスカーフ【box calf】
銀面に四角いしぼをつけたカーフのこと。クロム鞣しの銀つき革の代表的なもので、光沢がある。

ま行

マヨルカ【Mallorca】
スペインを代表する靴の産地。「ヤンコ」や「カルミーナ」はマヨルカのブランドである。

マルケ【Marche】
イタリアを代表する靴の産地のひとつ。「シルヴァノ ラッタンジ」「トッズ」はマルケのブランド。
もうじょうそう【網状層】
真皮を2層に分けたときの下層。発達したコラーゲン繊維が3次元的に絡まった構造。　　　　　　　　　図→p.136

モカシン【moccasin】
一枚革で足を包み、甲で別の革を当てて袋状に縫い合わせた靴。

や行

ら行

ラギッドソール【ragged sole】
ギザギザしたアウトソールのこと。

わ行

アレクサンドル・ヌルラエフさんの靴磨き

Part 2に登場してくれたイタリアの靴磨き職人、アレクサンドルさんが日本の読者の皆さんにと、ご自身の靴磨きメソッドを教えてくださった。せっかくなので、ここで届いたテキストを一字一句省かずそのままご紹介しよう。

1.

靴の紐を外します（もちろん、これから磨く靴に紐がついている場合は、ですよ!）。温水と石鹸を使って紐を洗い、交換する必要があるかどうかを確認してみてください。

2.

靴にシューツリーを挿入しましょう。シダーウッドでできた、あなたの靴のサイズにぴったりのものを使用することをおすすめします。靴の表面のしわがピンと張るような形である必要があります。

3.

Dandy Shoe Care（＊編註　アレクサンドルさんのお店）で取り扱っている、中くらいのかたさのボアブラシ（豚毛ブラシ）を使って、表面のほこりを取り除きます。

4.

靴から古いクリームを徹底的に取り除きます。すごく汚れた靴を磨くときには、私はまず靴用の石鹸かステインリムーバーのどちらかを使って、小さなブラシとごく少量の水で洗うようにしています。
靴がほとんど汚れていない場合は、アイリッシュリネン（＊編註　アイルランド産のリネンは繊維がとても細く、独特な滑らかさと肌触り

が特徴）を使って、栄養補給用クリームでていねいにマッサージするだけで十分に汚れは落ちます。布に汚れがつかなくなったら、クリーニングは終了です。

5.

次の作業に移る前に（＊編註　4で靴を洗った場合は）靴が完全に乾くのを待ちます。乾かすには、アッパーだけでなく、靴底も乾かすことができる靴専用のラックを使用してください。暖房器具の上や天日干し、ドライヤーで靴を乾かすのは厳禁です。

6.

続いて、靴クリームの出番です。クリームの色が靴の色と合っているかチェックしてください。靴の色よりも少し明るめの色のクリームを使うといいでしょう。
靴磨き初心者の方で、ダンディシューケアのプロ用クリームを購入するのが難しい方には、サフィールのかなり優秀な「クレム1925」を使うことをおすすめします。色も幅広くラインナップされていますし、特別な技術がなくてもこのクリームならば靴に均一に塗ることができるはずです。

7.

まず、靴クリーム用のブラシで底とアッパー

をつないでいるコバの部分にクリームを塗ります。コバの縫い目、履きじわ、亀裂、擦り傷には特に注意をはらってください。私たち職人の仕事は、つまるところ靴のアンチエイジングをすること。タイムマシンのようなもので、正しくクリームを使ってケアすることで靴を元の形に戻すことができます。といっても、クリームをたくさん使うことはしないでください。厚いクリームの層で靴を覆うよりも、薄い層を何度も重ねていったほうが効果的です。クリームの層を塗り重ねていくときは、自信をもって、正しい知識に基づいて、そしてとても優しいタッチで。女性を愛撫するときと同じくらい……。

8.

続いて、人差し指と中指にコットンの布を巻きます。最終的な仕上がりは、このコットンの布の選択に大きく左右されます。
ただ、実験精神を忘れずに！ ジンバブエ産の綿100％の布だけでなく、ほかの天然繊維と混合された布にもチャレンジしてみる意義はあります。
布を巻いた指の先端に少量のクリームを取り、靴の表面全体に小さな円を描くように均等に塗ります。靴を履いたときに曲がりやすい場所には特に注意を払うこと。
ここでクラシック音楽をかけると、手が正しいリズムで動くようになります。あなたは別に靴磨き選手権に参加しているわけじゃないでしょうから、ここで焦る必要はありません。何でもかんでも急いでやるのでは、靴の手入れの楽しさを味わえませんしね。

9.

今度はウール地の細長い布の登場です。前の工程のように、このウール地の布もいろいろと実験してみる価値があります。私はカシミアウールとシルクの混合生地を使うと、とびきりの効果があると思っています。
指にお好みのウール地の布を巻き、ソール

と平行に、表面を押さえつけないように気をつけながら磨き始めます。こうしてクリームを塗る工程を完了したら、最後に余分な分を取り除いて、次のステップに向かう準備をします。

10.

さて、次です。ミツロウが高配合されたワックスを使います。指先にワックスを適量取り（体温はこのちょっとかたいワックスをやわらかくするのに役立ちます）、靴の先端とかかとに塗ります。薄いけれども強力な層を作るため、ウール地の布に水滴を含ませて磨き、つやの層を均等に作っていきます。

11.

仕上げに、日本のヤギの長い毛を用いたDandy Shoe Careのやわらかいブラシに、ハンドラップを使って水を取り、ブラッシングします。ハンドラップがない場合は、"おじいちゃんのやり方（＊編註　シンプルに指を使って水を取る）"で大丈夫。重要なのは、使用する水の量をコントロールすること。
（＊編註　ハンドラップか指で）ブラシの中心に水をほんの一滴だけ垂らして、磨き始めます。ブラシは靴の表面にわずかに触れるくらいにしてください。かなり頑張って根気よくこの動作を続ける必要があります。あなたの靴が、キャバレーの鏡のようにまばゆいばかりに輝くまで続けてください。

仕上がりが想像していたのと全然違っていたとしても、がっかりしないでください。この一見簡単そうな一連のテクニックをマスターするのだって、実は何年もかかります。あなたのテクニックを改善し続けましょう。「人は、靴を見てたくさんのことを理解できるのだ」ということを覚えておいてください。

アレクサンドル・ヌルラエフ

おわりに

「マニアックな靴磨きの本を書きたい!」

　その願いが通じて、こうして『続・靴磨きの本』を出版できることになりました。これもひとえに読者の皆さんが1冊目の『靴磨きの本』を読んでくださったおかげです。その反響が大きかったからこそ、よりマニアックな内容でも企画が通ったのです。本当にありがとうございます。

　革靴に起きるトラブルのページついては、元・都立皮革センター所長の宝山大喜さんに全面的にお世話になりました。靴磨き屋を始めた16年前からずっと、「なぜ革靴はひび割れるのか?」「カビが生えたときの最善の対処法はなんだろう?」「しみの種類によって革の中でどんなことが起きているのか?」といった数々の疑問をもっていました。

　自分自身でもいろいろと試したり、人から意見を聞いたりして、なんとなく「こうなのではないか」という答えをもってはいましたが、科学的な見地からきちんと検証することができずにいたので、今回、宝山さんにお話をうかがうことができてよかったと思っています。

巻頭の靴磨きの効用を調べる検証テストでは、42ND ROYAL HIGHLANDさん、モニターになってくださった平野太郎さん、岡部友春さんにお世話になりました。

　アンケートでは僕が信頼する4名の素晴らしい靴磨き職人の皆さんに登場してもらいました。今は残念ながら新型コロナウイルスの感染流行で海外に行くのが難しい時期ですが、事態が収束したらまた彼らにも再会できることを願っています。

　また、今回はリーガルコーポレーションさんにご協力いただき、貴重な靴のコレクションを撮影するという幸運に恵まれました。リーガルアーカイブス館長の藤井財八郎さん、邉見剛さん、森田幸之介さんにこの場を借りて改めてお礼を申し上げます。"日本の靴業界の父"ともいえるリーガルさんとともにこの本を作れたことは、僕にとっても本当に感慨深いことでした。

　この本を作っている間、新型コロナウィルスの感染流行により、世間の価値観、これまで普通とされてきた働き方が大きく変化していきました。在宅ワークも広がり、不要不急の外出は控えるように言われ、"人に会う""どこかに出掛ける"という機会が減っています。おのずと、革靴を履く機会が減ってしまったという方も多いのではないでしょうか。革靴離れが進むのではと危惧していますが、それでも僕にできることは靴磨きの素晴らしさ、楽しさをさらに広めていくこと。こんなときだからこそ、装うことの楽しさを改めて発信できたらとも感じるのです。みんなの足元が美しければ、世の中はもっと前向きに元気になる。世界の足元に革命を起こす道半ばに僕はいます。足元が輝くことで皆さんの人生がより輝くよう願いつつ、僕もまだまだ精進してまいります。

2020年8月吉日　　長谷川裕也

店舗所在地

○ Brift H AOYAMA
〒107-0062
東京都港区南青山6-3-11 PAN南青山204
TEL & FAX／03-3797-0373
営業時間／平日12:00〜20:00（L.O.18:45）
土日祝日11:00〜19:00（L.O.18:00）
定休日／火曜　https://brift-h.com/

東京メトロ銀座線・千代田線・半蔵門線 表参道駅より徒歩10分ほど。表参道駅B1出口を渋谷方面に直進すると骨董通りの入口にぶつかります。骨董通りを7、8分直進し、交差点を渡ると左手にある「PAN南青山」というビルの右奥の階段を昇った2階です。

○ THE LOUNGE by Brift H
〒060-0062 北海道札幌市中央区
南2条西5丁目31 TERRACE2-5 1F
TEL & FAX／011-271-0505
営業時間／12:00〜20:00

○ THE SHOESHINE AND BAR
〒105-0003 東京都港区西新橋2-33-2先
TEL／03-6452-8839
営業時間／靴磨き11:00〜20:00（L.O.19:30）
フード・バー17:00〜23:00（L.O.22:30）
定休日／日曜・祝日

○ MAKE SENSE
〒170-0004
東京都豊島区北大塚2-1-1 ba05 1階
TEL／03-6452-8839
営業時間／平日11:00〜21:00
土日祝日10:00〜20:00　定休日／火曜

Brift H サービスメニュー
（税込、2020年8月現在）

○ The Brift（靴磨きコース）

仕上がり時期	当・翌日／	3日後〜／	1週間後〜
パンプス	2700円／	2200円／	2000円
シューズ	4000円／	3500円／	3000円
ロングブーツ	5000円／	4000円／	3500円

店舗カウンターでの靴磨きは予約制
靴磨き職人の指名料あり

○ キズ・ひび割れ補修　　お問合せください

○ 靴の内側の補修　　パッチ1ヵ所　1000円

○ 靴底の貼り替え（ラバー）
つま先　2500円〜
かかと　3500円〜
ハーフソール　4500円〜
オールソール　12000円〜

○ リカラー（革の染め変え）
シューズ　15000円〜

○ チャールズパッチ（1ヵ所）
6000円〜

○ Brift H ショッピングページ
http://brift-h.shop-pro.jp/
オリジナルグッズなどがご購入いただけます。

続・靴磨きの本

2020年10月14日　第1刷発行

著者　　　　長谷川裕也

デザイン　　漆原悠一、松本千紘（tento）
文・構成　　たむらけいこ
写真　　　　吉次史成
イラスト　　Agent K.

協力　　　　宝山大喜（元・都立皮革技術センター所長）
　　　　　　リーガルコーポレーション
　　　　　　42ND ROYAL HIGHLAND 代官山店
　　　　　　樹芸書房

発行所　　　株式会社亜紀書房
　　　　　　〒101-0051 東京都千代田区神田神保町1-32
　　　　　　TEL　03-5280-0261（代表）
　　　　　　　　　03-5280-0269（編集）
　　　　　　http://www.akishobo.com/
　　　　　　振替　00100-9-144037

印刷所　　　株式会社トライ
　　　　　　http://www.try-sky.com/

靴は人生をともに歩む相棒である──
お気に入りの一足と、10年付き合うために知っておきたいこと

磨きの基本からトラブル対処まで、
靴磨きをこれから始める人にぴったりの入門書

本書はコデックス装という製本方法を採用しております。
背表紙をつけずに糸でページを綴じているため、どのページもきれいに開くことができます。